I0067545

REVUE TECHNIQUE

DE L'

EXPOSITION UNIVERSELLE

DE

CHICAGO EN 1893

PAR

M. GRILLE	**M. H. FALCONNET**
INGÉNIEUR CIVIL DES MINES	INGÉNIEUR DES ARTS ET MANUFACTURES

Neuvième Partie.

LES CHEMINS DE FER A L'EXPOSITION DE CHICAGO

Deuxième volume :

VOIES, SIGNAUX, MATÉRIEL ROULANT ET TRAMWAYS

PAR

M. GRILLE

INGÉNIEUR CIVIL DES MINES

ORGANE

Des Congrès internationaux tenus à Chicago en 1893
sous la Présidence de :

MM. O. CHANUTE & E.-L. CORTHELL

PARIS

E. BERNARD et Cie, IMPRIMEURS-ÉDITEURS

53ter. *Quai des Grands-Augustins*, 53ter

1895

Conserve la couverture

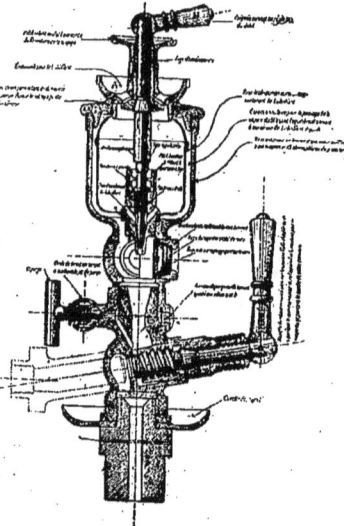

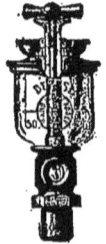

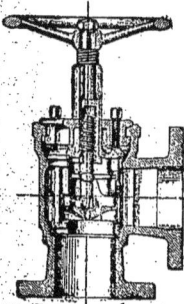

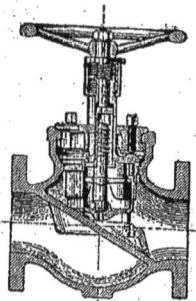

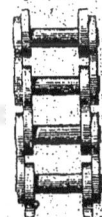
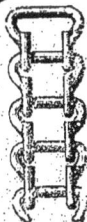

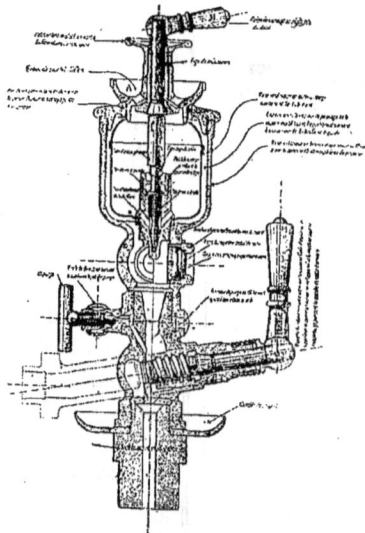

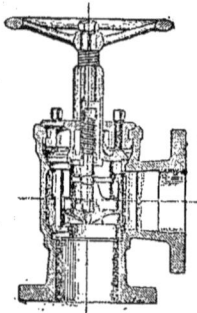

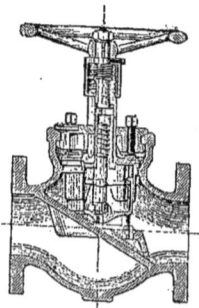

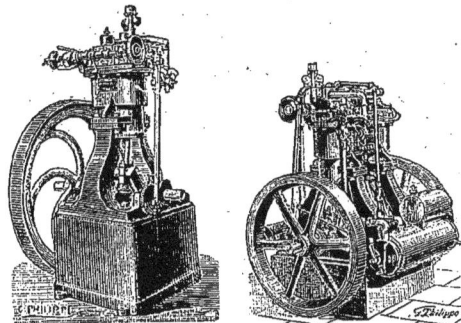

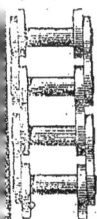

CHEMINS DE FER DE L'OUEST

Abonnements sur tout le réseau

La Compagnie des Chemins de fer de l'Ouest fait délivrer, sur tout son réseau, des cartes d'abonnement nominatives et personnelles, en 1re, 2e et 3e classes.

Ces cartes donnent droit à l'abonné de s'arrêter à toutes les stations comprises dans le parcours indiqué sur sa carte et de prendre tous les trains comportant des voitures de la classe pour laquelle l'abonnement a été souscrit.

Les prix sont calculés d'après la distance kilométrique parcourue.

La durée de ces abonnements est de trois mois, de six mois ou d'une année.

Ces abonnements partent du 1er et du 15 de chaque mois.

SERVICES QUOTIDIENS RAPIDES
ENTRE PARIS ET LONDRES
par Dieppe et Newhaven

Les importants travaux exécutés récemment dans les ports de DIEPPE et de NEWHAVEN, en donnant la facilité d'organiser, dans ces deux ports, des départs à heures fixes, *quelle que soit l'heure de la marée*, ont permis aux *Compagnies de l'Ouest et de Brighton* de réduire considérablement la durée du trajet entre PARIS et LONDRES et de créer des services rapides qui fonctionnent tous les jours, sauf le cas de force majeure, aux heures indiquées ci-dessous :

De Paris à Londres :

	Jour 1-2-3 cl.	Nuit 1-2-3 cl.
Départ de Paris-St-Lazare	9 h. matin.	8 h. 50 soir.
Départ de Dieppe	midi 45	1 h. du matin
Arrivée à Londres { Gare de Londdon-Bridge.	7 h. soir.	7 h. 40 matin
{ Gare Victoria	7 h. soir.	7 h. 50 matin

De Londres à Paris

Départ de Londres { Gare Victoria	9 h. matin.	8 h. 50 soir.
{ Gare de Londdon-Bridge.	9 h. matin.	9 h. du soir.
Départ de Newhaven	10 h. 35 soir.	11 h. du soir
Arrivée à Paris-St-Lazare	6 h. 45 soir.	8 h. du matin.

PRIX DES BILLETS.

Billets simples, valables pendant 7 jours :
1re cl. **41 fr. 25.** — 2e cl. **30 fr.** — 3e cl. **21 fr. 25**
plus **2** francs par billet, pour droits de port à Dieppe et à Newhaven.

Billets d'aller et retour, valables pendant un mois :
1re cl. **68 fr. 75** — 2e cl. **48 fr. 75** — 3e cl. **37 fr. 50**
plus **4** francs par billet, pour droits de port à Dieppe et à Newhaven

Ces billets donnent le droit de s'arrêter à *Rouen, Dieppe, Newhaven* et *Brighton*.

Abonnements d'un mois

La Compagnie de l'Ouest, en présence du succès obtenu par ses abonnements circulaires de 3 mois, 6 mois et un an, créés récemment sur les lignes de Saint-Cloud, Versailles (rive droite et rive gauche), Saint-Germain et Marly, vient de prendre une nouvelle mesure qui favorisera certainement le séjour à la campagne des personnes appelées constamment à Paris par leurs occupations, en créant sur ces mêmes parcours des abonnements d'un mois, délivrés pendant toute la saison d'été, du 1er mai au 1er octobre.

Ces nouveaux abonnements sont d'autant plus avantageux qu'on peut les obtenir à une date quelconque ; il suffit de les demander cinq jours à l'avance.

EXCURSIONS

DE PARIS A VERSAILLES & A SAINT-GERMAIN
(par la Forêt de Marly)

tous les jeudis, du 2 juin au 29 septembre 1892 inclus
(à l'exception du jeudi 14 juillet 1892)

La Compagnie des Chemins de fer de l'Ouest organisera tous les Jeudis, à partir du 2 juin et jusqu'au 29 septembre inclus (à l'exception du jeudi 14 juillet 1892), des Excursions au départ de Paris sur Versailles et Saint-Germain, aux prix et conditions ci-après indiquées :

Excursions à Versailles

Prix par place	{ 1re classe.	**5 fr.**
	{ 2e classe.	**4 fr.**

Par suite d'une combinaison avec une Société de voyage, ces prix comprennent :

1º Le transport en *chemin de fer* de Paris-Saint-Lazare à Versailles (R. D.) et retour, par les trains ci-après désignés :

Aller : Départ de Paris-Saint Lazare 11 h. 20 et midi 20.

Retour : Départ de Versailles (R. D.) par tous les trains de la soirée à partir de 4 h. 10 soir.

2º Le trajet aller et retour, en *voitures spéciales*, entre la gare de Versailles (R. D.) le Château et les Trianons.

3º La *visite* des Musées, Châteaux et Jardins, sous la direction des guides de l'Agence des Voyages.

Excursions à Saint-Germain

Prix par place	{ 1re classe.	**5 fr.**
	{ 2e classe.	**4 fr. 50**

Par suite d'une combinaison avec une Société de voyages, ces prix comprennent :

1º Le transport en *chemin de fer* de Paris-Saint-Lazare à Pont-de-Saint-Cloud et de Saint-Germain à Paris-Saint-Lazare, par les trains ci-après désignés :

Aller : Départ de Paris-Saint-Lazare à midi 50

Retour : Départ de Saint-Germain par tous les trains de la soirée, à partir de 4 h. 18 soir.

2º Le trajet en *voitures spéciales* de Saint-Cloud à Saint-Germain par Vaucresson, Rocquencourt et la forêt de Marly.

3º La *visite* du Château de Saint Cloud et du Musée de Saint-Germain, sous la direction des guides de l'Agence des Voyages.

REVUE TECHNIQUE

DE

L'EXPOSITION UNIVERSELLE

DE CHICAGO

Abonnements sur tout le réseau

La Compagnie des Chemins de fer de l'Ouest délivre, sur tout son réseau, des cartes d'abonnement nominatives et personnelles, en 1re, 2e et 3e classes.

Ces cartes donnent droit à l'abonné de s'arrêter à toutes les stations comprises dans le parcours indiqué sur sa carte et de prendre tous les trains comportant des voitures de la classe pour laquelle l'abonnement a été souscrit.

Les prix sont calculés d'après la distance kilométrique parcourue.

La durée de ces abonnements est de trois mois, de six mois ou d'une année.

Ces abonnements partent du 1er et du 15 de chaque mois.

SERVICES QUOTIDIENS RAPIDES
ENTRE PARIS ET LONDRES
par Dieppe et Newhaven

Les importants travaux exécutés récemment dans les ports de Dieppe et de Newhaven, en donnant la facilité d'organiser, dans ces deux ports, des départs à heures fixes, *quelle que soit l'heure de la marée*, ont permis aux *Compagnies de l'Ouest et de Brighton* de réduire considérablement la durée du trajet entre Paris et Londres et de créer des services rapides qui fonctionnent tous les jours, sauf le cas de force majeure, aux heures indiquées ci-dessous:

De Paris à Londres:

	Jour 1-2-3 cl.	Nuit 1-2-3 cl.
Départ de Paris-St-Lazare	9 h. matin.	8 h. 5) soir.
Départ de Dieppe	midi 45	1 h. du matin
Arrivée à Londres { Gare de London-Bridge.	7 h. soir	7 h. 40 matin
{ Gare Victoria	7 h. soir	7 h. 50 matin

De Londres à Paris:

Départ de Londres { Gare Victoria	9 h. matin.	8 h. 50 soir.
{ Gare de London-Bridge.	9 h. matin.	9 h. du soir
Départ de Newhaven	10 h. 35 soir.	11 h. du soir
Arrivée à Paris-St-Lazare	6 h. 45 soir.	8 h. du matin.

PRIX DES BILLETS

Billets simples, valables pendant 7 jours:
1re cl. **41 fr. 25** — 2e cl. **30 fr.** — 3e cl. **21 fr. 25**
plus 2 francs par billet, pour droits de port à Dieppe et à Newhaven

Billets d'aller et retour, valables pendant un mois:
1re cl. **68 fr. 75** — 2e cl. **48 fr. 75** — 3e cl. **37 fr. 50**
plus 4 francs par billet, pour droits de port à Dieppe et à Newhaven

Ces billets donnent le droit de s'arrêter à *Rouen, Dieppe, Newhaven* et *Brighton*.

Abonnements d'un mois

La Compagnie de l'Ouest, en présence du succès obtenu par ses abonnements circulaires de 3 mois, 6 mois et un an, créés récemment sur les lignes de Saint-Cloud, Versailles (rive droite et rive gauche), Saint-Germain et Marly, vient de prendre une nouvelle mesure qui favorisera certainement le séjour à la campagne des personnes appelées constamment à Paris par leurs occupations, en créant sur ces mêmes parcours des abonnements d'un mois, délivrés pendant toute la saison d'été, du 1er mai au 1er octobre.

Ces nouveaux abonnements sont d'autant plus avantageux qu'on peut les obtenir à une date quelconque; il suffit de les demander cinq jours à l'avance.

EXCURSIONS
DE PARIS A VERSAILLES & A SAINT-GERMAIN
(par la Forêt de Marly)

tous les jeudis, du 2 juin au 29 septembre 1892 inclus
(à l'exception du jeudi 14 juillet 1892)

La Compagnie des Chemins de fer de l'Ouest organisera tous les Jeudis, à partir du 2 juin et jusqu'au 29 septembre inclus (à l'exception du jeudi 14 juillet 1892), des Excursions au départ de Paris sur Versailles et Saint-Germain, aux prix et conditions ci-après indiquées:

Excursions à Versailles

Prix par place { 1re classe . . . . . . **5 fr.**
{ 2e classe . . . . . . **4 fr.**

Par suite d'une combinaison avec une Société de voyage, ces prix comprennent:

1° Le transport en *chemin de fer* de Paris-Saint-Lazare à Versailles (R. D.) et retour, par les trains ci-après désignés:

Aller: Départ de Paris-Saint Lazare 11 h. 20 et midi 20.

Retour: Départ de Versailles (R. D.) par tous les trains de la soirée à partir de 4 h. 10 soir.

2° Le trajet aller et retour, en *voitures spéciales* entre la gare de Versailles (R. D.) le Château et les Trianons.

3° La *visite* des Musées, Châteaux et Jardins sous la direction des guides de l'Agence des Voyages.

Excursions à Saint-Germain

Prix par place { 1re classe . . . . . . **5 fr.**
{ 2e classe . . . . . . **4 fr. 5**

Par suite d'une combinaison avec une Société de voyages, ces prix comprennent:

1° Le transport en *chemin de fer* de Paris-Saint-Lazare à Pont-de-Saint-Cloud et de Saint-Germain à Paris-Saint-Lazare, par les trains ci-après désignés:

Aller: Départ de Paris-Saint-Lazare à midi 5.
Retour: Départ de Saint-Germain par tous les trains de la soirée, à partir de 4 h. 18 soir.

2° Le trajet en *voitures spéciales* de Saint-Cloud à Saint-Germain par Vaucresson, Rocquencourt et la forêt de Marly.

3° La *visite* du Château de Saint Cloud et du Musée de Saint-Germain, sous la direction des guides de l'Agence des Voyages.

REVUE TECHNIQUE

DE

L'EXPOSITION UNIVERSELLE

DE CHICAGO

PARIS. — IMPRIMERIE E BERNARD ET Cie

23, RUE DES GRANDS-AUGUSTINS, 23

REVUE TECHNIQUE

DE L'

EXPOSITION UNIVERSELLE

DE

CHICAGO EN 1893

PAR

M. GRILLE
INGÉNIEUR CIVIL DES MINES

M. H. FALCONNET ₒ
INGÉNIEUR DES ARTS ET MANUFACTURES

Neuvième Partie.

LES CHEMINS DE FER A L'EXPOSITION DE CHICAGO

Deuxième volume :

VOIES, SIGNAUX, MATÉRIEL ROULANT
ET TRAMWAYS

PAR

M. GRILLE
INGÉNIEUR CIVIL DES MINES

ORGANE

Des Congrès internationaux tenus à Chicago en 1893
sous la Présidence de :

MM. O. CHANUTE & E.-L. CORTHELL

PARIS

E. BERNARD et Cie, IMPRIMEURS-EDITEURS

53 ter. *Quai des Grands-Augustins*, 53 ter

—

1895

CHEMINS DE FER

LES CHEMINS DE FER

A L'EXPOSITION DE CHICAGO

CHAPITRE DEUXIÈME

VOIE — SIGNAUX — MATÉRIEL ROULANT — TRAMWAYS

Avant-Propos.

La place occupée par l'Industrie des Transports à l'Exposition de Chicago était considérable. C'est que les Américains se sont toujours rendu compte que les transports rapides et à bon marché sont la base de tout développement industriel, commercial et social.

Nous avons donc pensé que cette grande industrie devait être étudiée, non seulement dans l'enceinte des bâtiments qui lui étaient réservés mais aussi dans le pays lui-même.

Nous ne nous contenterons donc pas de parler seulement du matériel exposé, mais nous décrirons également les installations qui nous ont semblé les plus intéressantes et que nous avons rencontrées sur notre route. On ne s'étonnera pas de la large place occupée par les tramways dans cette étude, c'est que nulle part ils n'ont pris un développement aussi remarquable et ne font partie intégrante de la vie comme en

Amérique. Ce sont souvent des réseaux suburbains qui bien que coûtant moins cher qu'une ligne ferrée ordinaire rendent beaucoup plus de services.

Nous ne parlerons que très sommairement des ponts et des ouvrages d'art, car une partie séparée de cet ouvrage traitera spécialement des travaux publics et des ponts ; nous classerons parmi eux les « trestles » ou estacades en bois qui remplacent souvent les grands remblais ou les viaducs surtout sur les lignes nouvellement construites.

On ne s'étonnera pas de nous voir passer assez sommairement sur les voies de chemins de fer, c'est que de ce côté il y a peu à dire. Les Américains n'ont point retourné la question sous toutes ses formes comme en Europe, pour eux une voie consiste en deux rangées de rails, plus ou moins lourds, reposant directement sur un grand nombre de traverses très rapprochées ; le bourrage tel qu'on le comprend en Europe n'existe pas, on met sur le remblais une légère couche de ballast bien dressée et on pose les traverses dessus. Dans certaines lignes de l'Est on ballaste la ligne, c'est-à-dire qu'on la recouvre d'un peu de ballast. (Voir profils en travers, pl. 3 et 4.)

Nous ne dirons non plus que quelques mots des appareils de voie, et des installations de gares, ainsi que des signaux du block système, car les Américains sont encore, sous ce rapport, dans la période d'enfantement, leurs recherches sont dirigées vers le block système automatique, et les résultats auxquels ils sont arrivés permettent d'espérer qu'ils arriveront à une solution complète de la question.

En ce qui regarde l'Exposition des transports, les « Transportations Buildings » comme la classification officielle les avait désignés, elle occupait un bâtiment composé d'une grande nef à façade ornementée et décorée, mais de peu de largeur, et d'une annexe, la véritable exposition, elle n'avait aucun caractère. C'était une simple toiture en bois recouvrant un espace considérable ; on trouvera au reste les plans et élévations des bâtiments dans le chapitre réservé à l'architecture.

La grande nef contenait l'Exposition des voitures ordinaires, coupés, calèches, mails d'origine américaine et étrangère ; on pouvait, sans peine, se rendre compte de la supériorité de la fabrication du continent, et surtout de la fabrication française, sur la fabrication américaine, lourde, disgracieuse, et manquant de simplicité ; on pouvait voir des coupés, des landaus avec des ornements Louis XV sculptés sur les panneaux.

La fabrication des boggys, petite voiture à quatre grandes roues est toutefois très remarquable. C'est une fabrication toute industrielle, mais qui permet de livrer à bas prix ces petites voitures, les seules qui puissent circuler sur les abominables voies de communication appelées routes aux Etats-Unis.

Des chariots de commerce aux couleurs voyantes aux vernis flamboyants complétaient cette exposition, qui comprenait tous les accessoires, harnais, sellerie, etc., etc.

A la suite de cette exposition venait celle des modèles de navires, cargoboats, paquebots, navires de guerre. La plus grande partie de ces modèles étaient exposés par l'Angleterre. Le rez-de-chaussée contenait également l'Exposition du plan en relief de Pullman City ; cette ville industrielle créée aux portes de Chicago depuis dix ans et comptant plus de 20 000 habitants, avec son église, ses squares, ses marchés, son théâtre, etc., etc.

L'Exposition française, comprenait une très belle collection de voitures de luxe, coupés, landaus, victorias, et de service, une voiture de deuxième classe à impériale de l'Ouest, quatre locomotives. Plusieurs plans en relief de nos principales gares, une cabine de la « Seine », un des bateaux à deux hélices à grande vitesse faisant le service de Dieppe en Angleterre. L'Exposition des roues en fer étampé d'Arbel et une série très intéressante de dessins et de documents statistiques.

Le modèle du pilon à vapeur de Bethléhem, des tubes à canons de cette usine, des blindages précédaient l'exposition japonaise comprenant plusieurs modèles de croiseurs construits dans les arsenaux du Japon. L'exposition russe présentait plusieurs modèles de navires, diverr appareils de navigation, des voitures pour routes ordinaires, des harnachements militaires, etc., etc. Enfin, l'Allemagne arrivait avec un modèle d'une section d'un des grands navires de la Compagnie Hambourgeoise américaine, des modèles de voie, des essieux de roues, des modèles de gare de triage, des signaux de protection, etc., etc.

Le premier étage de cette section comprenait la même division qu'au rez-de-chaussée. Les Allemands exposaient une très remarquable série de modèle de navires de guerre ou de commerce, soit destinés à l'Allemagne, soit à l'étranger, des modèles et des dessins très complets des grands travaux publics exécutés en Allemagne dans ces dernières années. Cette exposition, un peu aride pour les non initiés, donnait une juste impression du développement considérable des travaux publiés dans ce pays.

La section française ne comprenait, au premier étage, que les diora-
mas de la Compagnie générale transatlantique, et quelques dessins de
ponts métalliques et du port de Dunkerque.

Les sections anglaises et américaines occupaient le reste du premier
étage et renfermaient une quantité énorme de bicyclettes, de harnachements, de canots et d'embarcations, de photographies, de modèles de
bateaux de course, et accessoires de navigation, etc. etc., ainsi que les
bureaux de l'administration.

L'annexe, au contraire, contenait toute la partie intéressante pour les
étrangers désireux de se mettre au courant de la construction et des
types modernes de matériel de chemins de fer, matériel fixe, matériel
roulant, locomotives, ainsi que du matériel de tramways.

Tous les grands constructeurs avaient exposé, Baldwin, Rodgers, Pittsburg, Porter, Schenectady, Brooks, etc., des machines monstres pour la
plupart, et des derniers modèles employés. Ces machines étaient, pour
la plupart, soulagées et mises en mouvement par de l'air comprimé,
les roues tournant à 5 millimètres du rail. Les Compagnies, comme le
« Pensylvania, », avaient fait une exposition spéciale avec bâtiment séparé, ou construit des annexes comme le « New-York Central », et la Compagnie « Wagner », qui exposait un de ses trains de luxe.

Pullman exposait également un train admirable; plusieurs voitures-
salons de première classe, wagon ambulant pour la poste, etc.

La « Blue Line C° » exposait une voiture, les ateliers de Wilmington
quatre, la Compagnie Kriehbel un train de quatre, à notre avis les plus
remarquables de l'Exposition à cause de la distribution intérieure de
l'escalier mobile et de la plate-forme à section large; la « Philadel-
phia Reading » présentait une voiture de 1re classe, etc., etc.

Enfin, un nombre considérable de wagons à marchandises, spéciaux
ou autres, à châssis métalliques ou sans châssis étaient exposés par divers constructeurs.

La Compagnie du « Baltimore and Ohio » avait eu l'idée de demander à
toutes les Compagnies du monde entier des dessins de locomotives et
de wagons employés sur leurs lignes depuis l'origine.

Cette collection, absolument unique montrait à côté de types plus
ou moins incohérents, combien les ingénieurs de chaque pays sont
enclins à ne pas sortir d'un étroit cercle d'idées, et on ne peut s'empêcher de leur recommander de profiter de ces grandes foires qui,
si elles n'apprennent pas beaucoup au point de vue des principes, ont

au moins cet énorme avantage, de cosmopoliser les idées et les solutions en montrant à chacun qu'il y a bien des manières de procéder
pour arriver au même résultat. Ce reproche est absolument général et
mérité au même degré par les ingénieurs de tous les pays. Nous le répétons, l'enseignement philosophique donné par cette collection était
frappant.

L'Angleterre exposait plusieurs beaux wagons et trois locomotives
dont une était à la voie de $2^m,13$, dont les dernières sections ont été retirées du service en 1892.

Le Canada, classé dans la section anglaise politiquement, était, en réalité américain par son mode de construction. Le « Canadian Pacific » exposait un train très simple, mais très soigné et très confortable. Cette
ligne fait de louables efforts pour attirer à elle le trafic de l'Océan Pacific viâ Vancouver, mettant ses trains en correspondance avec les
« Impress » desservant Yokohama et Hong-Kong.

Les Allemands avaient exposé une collection de voies de différents
modèles, deux locomotives, une compound à deux cylindres et trois
essieux accouplés construits dans les ateliers Schichau, d'Elbing, et une
petite machine d'entreprise de Henschel et Sohn, de Cassel, deux voitures à voyageurs et plusieurs wagons.

L'exposition métallurgique, comprenant des rails, des cornières, des
tôles, etc., était très intéressante.

Les tramways, voies de tramways voitures, grips, accessoires, aiguilles
rails sur support ou sans support, offraient un champ étendu à l'étude.

Les freins étaient représentés par le « New-York Brake », le « Westinghouse », « Boyden », « Crane », etc., etc.

Les attelages, les garnitures extérieures des voitures, les plates-formes
vestibulées étaient en grand nombre, ainsi que les accessoires, lampes,
lanternes etc. Ce qui était peu représenté, c'était la partie si intéressante des signaux de sécurité sur les lignes de chemins de fer à grand
trafic ; nous avons décrit les systèmes les plus intéressants dans le cours
de l'ouvrage, mais nous pouvons exprimer le regret de ne pas avoir vu
former un groupe plus important et plus séparé de cet élément si important de l'exploitation des chemins de fer modernes.

L'exposition des transports était donc, en résumé, un succès ; elle
était excessivement intéressante à étudier, et il est juste de reconnaître
que ce succès est dû à l'infatigable activité et à l'aimable dévouement
de M. Villard Smith, (fig. 01) chef du département de la transportation, et

de M. Hackworth Young (fig. 02), ingénieur de la classe, son second, qui ont su faciliter singulièrement la tâche des visiteurs techniques.

Nous pensons pouvoir affirmer, sans crainte d'être contredits par les ingénieurs qui ont visité l'Exposition Colombienne, que la section la plus importante, pour ne pas dire la plus grande, était celle qui se rapportait aux moyens de transport à la « transportation », suivant l'expression employée aux Etats-Unis. C'était incontestablement la plus complète, et celle où les Américains pouvaient réclamer une supériorité marquée sur les autres nations. Il est certain que, dans aucun pays, les moyens de communications, chemins de fer, tramways, services fluviaux n'ont été développés avec une pareille énergie, avec un semblable confort ; enfin, a un aussi bas prix.

Si on tient compte des difficultés locales, de la rareté de la main-d'œuvre, de l'immensité des distances à parcourir, on ne peut être que profondément frappé de la puissance de l'entreprise en Amérique et de sa foi dans l'avenir.

Ce réseau immense, dont la longueur exacte n'est pas connue, dépasse certainement 300 000 kilomètres de chemins de fer, sans compter les lignes secondaires, qui, classées aux Etats-Unis comme tramways, seraient chez nous des lignes d'intérêt local. Ce réseau énorme s'est construit avec une rapidité inouïe, et seul, a permis le développement si remarquable de l'Amérique du Nord.

En effet, le point de départ économique n'est point le même dans les deux continents. En Europe, le chemin de fer n'est construit que quand il existe déjà un trafic assuré et pour remplacer un moyen de transport primitif devenu insuffisant ; au contraire, aux Etats-Unis, la voie ferrée est destinée à ouvrir une région à l'industrie ou à l'agriculture, le moyen de transport dans ce cas précède la production de l'élément à transporter.

Il en résulte une manière toute différente de comprendre la question et surtout de la résoudre. Il ne nous appartient pas de faire ressortir dans quelle mesure les conditions économiques justifient ces deux manières si différentes de procéder, mais il fallait les faire ressortir pour bien établir que tout en admirant profondément les chemins de fer américains, nous sommes loin de penser qu'ils auraient été intégralement à leur place dans tous les pays d'Europe.

Mais il est certain que bien des dispositions seraient à copier après une étude approfondie de leur application aux besoins du continent. Nous montrerons plus loin, notamment, que l'emploi exclusif du matériel souple et articulé a permis à l'Amérique d'obtenir des vitesses considérables, sur des voies d'une médiocrité très étonnante pour des ingénieurs Européens, alors que l'acharnement apporté en Europe à la conservation du matériel roulant, rigide et à essieux parallèles, et avec un empatement relativement réduit, a conduit à donner aux voies une perfection d'entretien en général fort dispendieuse, et cela pourtant sans arriver aux mêmes vitesses, ni à la même douceur de roulement.

On peut dire sans être taxé d'exagération, que si l'on tient compte des conditions dans lesquelles se trouvent les réseaux en Amérique, sur tous, le maximum de confortable connu à l'heure actuelle a été réalisé, et que partout dans des conditions analogues, le matériel voyageur est infiniment plus confortable en Amérique que dans aucun autre pays du monde, et ajoutons-le, avec des tarifs bien moins élevés.

Ce confort est si bien entré dans les habitudes, qu'il ne vient pas plus à l'idée d'un américain de passer une nuit dans un train sans se coucher, qu'il ne viendra à l'idée d'un voyageur européen, arrivant dans une ville, de passer la nuit assis dans un fauteuil au lieu d'aller à l'hôtel ; et en somme les Américains ont absolument raison, on ne voit pas pourquoi, parce qu'on est déja soumis à la fatigue d'un voyage on s'impose encore la fatigue d'une nuit d'insomnie ; c'est une pratique arriérée et absurde, qui ne s'explique que parce qu'il en était ainsi du temps des diligences, et, qu'en Europe, les chemins de fer sont tous plus ou moins dérivés de cet ancien mode de transport.

Les ingénieurs américains ont apporté dans l'étude du matériel une largeur de vues qui contraste singulièrement avec les idées en cours en Europe et surtout en France, où toute la gloire des ingénieurs consiste à réduire le poids mort par voyageur transporté, et cela sans se préoccuper des conditions du trafic, sans se dire que cette absence de confort réduit de beaucoup la fréquence des voyages, qui, étant une corvée, une fatigue considérable, ne se font que quand on ne peut pas faire autrement et cela, au grand détriment des recettes.

L'intensité du trafic aux États-Unis est aussi une chose sur laquelle il est bon d'attirer l'attention. Partout on cherche à faire donner à l'instrument le maximum de rendement dont il est capable, et sous ce rapport, les chemins de fer sont arrivés à des résultats absolument remarquables.

Certaines sections des Elevateds de New-York sont parcourus par des trains se suivant à 30 secondes les uns des autres et encore, ne sont-ce pas des trains partant tous du même point de départ, mais au contraire des trains provenant d'une bifurcation avec traversée à niveau. Chaque tête de ligne de la bifurcation expédiant des trains toutes les minutes, l'intercalation des trains sur le tronçon principal ne peut se faire que dans ce court délai.

Il faut noter que la voie montante de la bifurcation coupe la voie descendante, et que les trains qui la parcourent passent 13 secondes après le passage du train de la voie descendante de la ligne principale et 43 avant le train suivant, puisque le train intercalaire de la voie descendante est destiné à l'embranchement. Il convient d'ajouter que l'embranchement se détache de la voie principale avec un rayon moyen de 23 mètres, en voie normale.

Sans vouloir pénétrer plus avant dans les détails dans cette entrée en matière, pensant qu'il vaut mieux présenter le plus possible d'exemples au cours de la description du matériel et des procédés exposés, nous voulons cependant encore signaler plusieurs généralités ; l'exiguité des gares, par exemple, au point de vue des voies d'arrivée et de départ. Les gares sont au centre des villes, les terrains sont chers, on a dû ne pas trop s'étendre, et cependant elles arrivent à expédier et à recevoir un nombre considérable de trains. Tout du reste a été fait pour faciliter le service ; nous noterons le service des « Express » comme ayant permis de simplifier dans une proportion considérable le service des bagages. Ce service peu connu en Europe mérite d'être signalé.

Dans tous les hôtels, dans de nombreux bureaux spéciaux, dans toutes les villes des Etats-Unis, se trouvent des agents d'une des nombreuses Compagnies Express ; à tout appel, un agent se rend près de vous, prend note du train que vous devez prendre et vous remet autant de petits jetons de nickel portant le nom de la ville destinataire que vous avez de colis, à chaque colis il attache un « chèque » correspondant. A l'approche de chaque gare un agent des « Express » passe dans les wagons le voyageur lui remet ses chèques, indique l'hôtel ou la maison ou il va, reçoit en échange un reçu, remet ses bagages à main, s'il en a, à l'agent de l'express et n'a plus à s'occuper de rien, qu'à remettre le reçu de ses bagages au clerk de l'hôtel, et à trouver ses bagages dans sa chambre. Le gain en temps, en ennuis, en dépenses est énorme et lorsqu'on voyage en Europe on ne peut s'empêcher de regretter profondément « l'Express » des Etats-Unis.

Nous ajouterons que ces mêmes Compagnies Express se chargent de toutes les expéditions de colis en grande vitesse, et qu'elles mettent en marche des trains réguliers à grande vitesse composés exclusivement d'Express Cars chargés de distribuer rapidement sur les lignes, les colis qui leur sont confiés.

Les Compagnies des chemins de fer sont déchargées d'un service compliqué qui nécessite un grand nombre d'agents, et elles peuvent, au grand bénéfice du public être des entreprises de transport débarrassées en grande partie de la question commerciale, sous traitée à des Compagnies, alors elles-mêmes absolument commerciales, qui s'occupent du trafic des wagons de luxe, des wagons restaurants, etc.

Pour les marchandises de petite vitesse et les grandes expéditions, la multiplicité des raccordements avec les usines, a réduit aussi considérablement l'importance des gares à marchandises; les wagons se rendent directement dans les cours des gares particulières; on peut dire qu'il n'existe pas d'usine qui ne soit raccordée avec tous les réseaux ferrés.

La liberté du régime permet aux Compagnies de chemins de fer de passer des traités spéciaux avec les industriels possédant ces embranchements, il en résulte une très grande simplification dans la comptabilité et dans l'organisation des gares.

Les gares à marchandises sont plutôt des gares de triages d'où les wagons sont dirigés sur les usines.

Nous n'avons pas vu de triages par la gravité, tous ceux que nous avons rencontrés étaient opérés par des locomotives de gares.

Ces locomotives sont plus puissantes que celles que nous possédons en Europe pour le même usage; ce sont des machines à tenders séparés, elles n'ont point de truck à l'avant. L'arrière du tender est abattu en plan incliné de manière à permettre au mécanicien de voir l'attelage.

Ces triages sont très simples, ils se composent d'un faisceau de voies parallèles avec entrée et sortie à chaque extrémité, recoupées par une traversée oblique.

La manœuvre de ces trains est très pénible, car il y a souvent à déplacer des rames pesant 13 à 1 400 tonnes. Il est d'un usage courant de pousser un wagon placé sur une voie, par une machine circulant sur une voie latérale, au moyen d'un espars en bois qui vient s'appuyer dans des cossettes en acier embouti fixées aux extrémités des traverses de tête des wagons et des machines; on peut ainsi éviter d'aller aiguiller à chaque fois la machine de manœuvre.

Les gares à voyageurs ne présentent aucun point bien intéressant

comme disposition ; à l'extérieur elles se distinguent des nôtres par un
beffroi, ou un clocher qui leur donne un faux air de chapelle ; souvent
elle présente de vraies hérésies de construction, nous citerons la gare
de « l'Illinois Central Parc » à Chicago. Cette gare monumentale est entièrement construite en maçonnerie, salles d'attente en voûte en plein
cintre reposant sur des colonnes massives, le tout, placé au-dessus
des voies sur des colonnes en fonte et des sommiers en fer. L'effet
produit est pénible. Cette orgie de pierres de taille perchées sur des
colonnes qui peuvent être l'une ou l'autre, et d'un moment à l'autre, brisées par une locomotive déraillée, fait éprouver un sentiment d'instabilité
des plus fâcheux. Le service y est de plus mal distribué. Ce reproche
peut être très généralisé ; il y a une excuse, c'est que situées au milieu
des villes, les gares n'ont pu s'étendre en largeur.

Presque toutes les lignes de l'Est possèdent des enclanchements de
signaux et d'aiguilles, beaucoup sont exploitées suivant le bloc system,
mais nous ne pourrons guère en parler, car l'Exposition était très pauvre en documents sur ce sujet.

L'exposition de Chicago présentait peu d'exemples de travaux d'arts
ou de travaux publics importants, cela se conçoit. Chaque Compagnie,
chaque corporation, exécute ses travaux, au mieux de ses intérêts, et
sans suivre ni un plan ni une méthode générale, aussi ne faut-il pas
chercher aux États-Unis des exemples de solutions de principes élégantes : on a toujours été au plus simple, au plus pressé et au plus économique. C'est surtout dans l'exécution des travaux, dans l'agencement
des chantiers, que l'ingéniosité américaine se fait jour et se donne libre
carrière. Malheureusement, ces dispositifs sont isolés et ne peuvent pas
être l'objet d'une exposition. Nous ne parlerons pas ici des ponts métalliques, les méthodes spéciales américaines, la construction des ponts à
grande maille d'un emploi exclusif, aux États-Unis sera l'objet d'un
chapitre spécial dans le volume réservé aux Travaux publics.

En Europe, dans la construction de tabliers métalliques, on préfère
l'emploi de la tôle qui n'est pas chère, mais qui nécessite une assez grande
main-d'œuvre qui ne peut pas être réduite au-dessous d'un certain minimum par l'emploi de machines outils : aux États-Unis, la main-d'œuvre
est si chère, que la question qui doit primer tout, c'est de l'éviter. L'emploi de fers plats laminés à la dimension, permet de réduire la main-
d'œuvre proprement dite au-dessous de tout ce qu'on peut imaginer.

Les entretoises à embases rondes sont forgées à la machine qui fait en même temps à chaud le filet de la vis, les barres en fer plat sont refoulées à chaud à la machine, et l'œil percé à chaque extrémité en même temps, à la distance rigoureuse par deux fraiseuses.

On comprend que dans ces conditions toutes spéciales les américains restent fidèles à un système qui leur a permis depuis longtemps de traverser des fleuves considérables avec des poutres à très grande portée.

Certainement il y a beaucoup à dire sur les ponts, qui, construits trop légèrement souvent, donnent lieu à des accidents inconnus en Europe. Mais ces accidents diminuent tous les jours, depuis que l'étude des poutres a été soumise à des méthodes scientifiques sérieuses.

On ne saurait trop signaler les essais nombreux auxquels se livrent les usines métallurgiques pour déterminer la nature du métal qu'elles produisent. Répétant chaque jour ces essais, elles finiront par posséder des résultats moyens fort utiles.

Nous ne parlerons pas non plus des ponts suspendus bien connus par les études dont ils ont été l'objet, le Pont de Brooklyne n'est plus une actualité, pas plus que celui du Niagara Falls, cependant il est toujours intéressant pour ce dernier de suivre peu à peu sur le tablier inférieur réservé aux piétons et aux voitures, la déformation qu'introduit dans le système le passage d'une locomotive « Consolidation » pesant 95 tonnes avec son tender, remorquant un train de wagons chargés chacun à 30 tonnes. Mais nous sommes obligés de nous arrêter car nous nous sommes donné pour but de décrire ce qui était exposé, et non tout ce qu'il y a d'intéressant en Amérique. En ce qui concerne les chemins de fer, à part les ponts, il n'y a guère d'ouvrages d'art sur les lignes américaines, il n'est donc pas étonnant, que rien ne fut exposé sous ce rapport. Pour les voies, il n'y a rien de très spécial à signaler. La tendance générale est d'augmenter le poids et la longueur des rails.

Voie.

La « Pensylvania » avait exposé un spécimen de voie en essai, les rails pesant 50 kilogrammes le mètre courant ont 30 mètres de longueur, les traverses sont en bois, et à $0^m,35$ les unes des autres, tout bourrage est impossible comme dans toutes les voies américaines. Le ballast, qui souvent n'est que le remblai lui-même s'il n'est pas trop argileux, est dressé, les traverses posées par dessus et les rails fixés sur la traverse par des crampons, sans sabotage, et sans inclinaison. Nous donnons pl. 1 et 2 des coupes de rails employés de 30 à 50 kilogrammes par mètre courant.

Les patins des rails sont larges, et les éclisses en général très fortes, ce qui n'empêche que l'absence de bourrage aux traverses de joint ne donnent un assez mauvais passage d'un rail à l'autre ; les joints sont souvent interrompus. Pour en revenir aux rails de 30 mètres on ne paraît pas avoir constaté d'ennui au sujet de la dilatation. On paraît peu se préoccuper de cette question dans un pays où les essais de soudure électrique des rails est à l'ordre du jour, nous y reviendrons quand nous parlerons des voies de tramway.

Les appareils de changement de voie sont très robustes et bien établis ; l'aiguille Warton n'est guère employée tout au moins dans les voies de l'Est et du Centre ; très souvent, le contre-rail de la pointe du cœur est rappelé par des ressorts contre la pointe elle-même, de manière à la protéger contre l'écrasement dû au passage des roues (voir pl. 1, 2, 3, 4). Ces appareils souffrent moins que ceux que nous employons en France, car le passage du matériel entièrement monté sur boggies les fatigue beaucoup moins que celui de nos wagons à deux ou trois essieux. Nous donnons également (pl. 3 et 4) les profils en travers types du Pensylvania, ainsi que diverses coupes d'éclissages de rails et (fig. 4) le support métallique employé dans les courbes de faible rayon pour combattre le renversement des rails.

La Compagnie métallurgique de Georges Marienburg (Allemagne) avait exposé une collection de voies anciennes et modernes, dont nous donnons quelques croquis, depuis la voie sur bois, jusqu'à la voie entièrement métallique sur traverses Post de la ligne du Gothard (fig. 1 à 20).

Cette collection était très intéressante, et elle montrait bien la serie des échecs acquis fatalement à tous les systèmes basés sur la longrine.

La suppression des joints a aussi fait produire bien des élucubrations, jusqu'à avoir des rails en deux parties, réunies entre elles par des boulons, les joints des deux champignons chevauchant les uns sur les autres.

Les traverses métalliques étaient rares : le New-York Central avait exposé une voie très lourde avec traverses métalliques et attaches à boulons, mais l'emploi n'en a pas encore été fait. Le bois est trop abondant encore, et avant il faudrait abandonner les errements actuels consistant à supprimer le ballast, et par suite le bourrage ; puis, adopter les pro-

cédés européens, ce serait une bien grande révolution dans les habitudes américaines et les avantages de cette révolution seraient bien
douteux.

Les procédés de construction sont très simples; en général le terrain
est fort plat, et un simple grattage au scrapper, sorte de pelle trainée
par deux chevaux, instrument peu commode, et produisant peu de travail, à moins d'être dans le sable, suffit en général comme préparation.

Lorsqu'on est en terrain sablonneux, les traverses sont simplement
jetées à terre, et les rails cloués sans avant-trous; on tasse le sable avec
des bourroirs en bois, sortes de planches étroites et longues de 2 mètres. La voie est souvent posée sur des buttes en bois; si elle doit être
en remblai, des wagons à fond mobile viennent s'ouvrir et faire le
remblai sous la voie elle-même; enfin, quand on emploie du ballast, celui-ci est déchargé au moyen d'une charrue à deux versoirs, glissant
sur les wagons, et remorquée par la locomotive qui, coupée du
train, est attelée à un câble métallique fixé à son autre extrémité à la
charrue (pl. 9-10) où nous en donnons plusieurs types.

Une charrue est aussi fixée quelquefois sous un wagon, de manière à
répartir le ballast sur la voie de part et d'autre des rails. Nous donnons des dessins de ce matériel (pl. 5, 9, 10).

Enfin, pour les tranchées ou les emprunts, on se sert des excavateurs
d'une manière on peut dire absolue, soit seuls, soit combinés avec des
wagons de déchargement automatique dont nous donnons divers
croquis (pl. 7, 8, 9, 10).

Le travail de ces excavateurs est bien connu; mais, ce qui l'est moins,
c'est l'extension donnée à son emploi aux États-Unis. Alors que chez
nous ces appareils ont été employés surtout dans les travaux des ca-
naux, dans l'exploitation des ballastières envahies par l'eau, au contraire, aux États-Unis, on s'en sert partout. Nous en reparlerons dans
la partie réservée aux travaux publics.

Les types, construits par « The Marion Steam Shovel C° Ohio », sont
disposés de manière à servir, soit comme excavateurs, soit comme
dérocheurs; ils sont munis dans ce cas de pinces à serrage automatique,
qui permettent d'enlever de gros blocs, et de les charger sur wagon, soit
comme grues roulantes. Nous avons été à même d'en voir un ainsi disposé, relevant les débris épars de wagons de marchandises éventrés
dans une rencontre près de Chicago. La voie fut déblayée en très peu
de temps, grâce à cet engin puissant et commode.

Nous rattacherons aux appareils spéciaux à la voie, et présentant un caractère de nouveauté, les appareils pour déblayer la neige qui envahit les voies pendant l'hiver (pl. 11 et 12).

Nous donnons également les dessins du Stony tipping Crane, qui, avec des dispositions un peu différentes du précédent type, remplit le même but et les mêmes conditions de travail.

Nous donnerons aussi les dessins d'un wagon à fond mobile pour le déchargement du ballast dans l'axe de la voie (pl. 6).

Jusque dans ces dernières années, le seul appareil employé contre la neige était la charrue, sorte d'énorme plan incliné, en bois armé de fer possédant un seul versoir; cet appareil était poussé par plusieurs locomotives; mais, dès que la neige avait un peu d'épaisseur, le travail devenait très pénible. On a depuis employé deux systèmes basés sur le même principe : désagréger la neige au moyen, soit d'une hélice, soit de lames obliques fixées sur un disque vertical tournant autour d'un axe horizontal; la neige est découpée et projetée avec force en dehors de la voie. Une machine fixe, portée par l'appareil, met en mouvement la tarière. Une machine locomotive pousse le tout contre la neige à attaquer (fig. 21 à 26).

Les principales dimensions de la machine exposée par « the Leslie Brothers'Manufacturing C° », Patterson, New-Jersey, sont les suivantes :

Diamètre du plateau rotatif	3 mètres
Epaisseur de la roue	1 »
Nombre de couteaux	10
Type de chaudière	Belpaire
Diamètre de l'axe du disque	0^m.200
— des cylindres.	0 ,431
Course des pistons	0 ,558
Longueur totale du véhicule	10 mètres

Pendant un mois de service les dépenses de cet appareil se sont élevées à

	Salaire du mécanicien et du chauffeur .	1.350 f.
Charrue à neige . {	Combustible (58 tonnes)	580
	Huile, graisse, chiffons	180
Matières diverses	. . . .	350
		2.460

LOCOMOTIVE

Salaire du mécanicien et du chauffeur	920
Combustible (111 tonnes).	1.110
Huile, matières grasses, chiffons.	50
Matières diverses	35
Main-d'œuvre	325
	2.440
Soit au total.	4.900 f.

pour dégager et maintenir libres 500 kilomètres de voie, soit une dépense de 9 fr. 8 par kilomètre.

Les résultats donnés par ces machines sont tels que dans l'Ouest, au passage des montagnes rocheuses, on abandonne les couloirs en bois qui servaient à protéger la voie contre les neiges, préférant déblayer la voie avec ces machines si puissantes et si économiques.

Comme disposition de voies, nous avons peu à envier aux Américains. En effet, comme nous l'avons dit plus haut, les voies sont en général médiocres ; elles sont mal réglées et ne supporteraient pas le passage d'un matériel rigide comme celui que nous continuons d'employer en France ; mais cette voie, si elle n'est pas bien réglée en plan, est solide. Au point de vue des intersections de lignes, on retrouve aussi le caractère d'économie et de provisoire qui caractérise les travaux publics en Amérique. Partout on voit les voies se croiser à niveau, souvent sans aucune protection autre que des signaux à main. Le croisement de six ou huit voies parallèles par autant d'autres, souvent sous un angle très prononcé, ne peut pas être donné comme un exemple à suivre.

Autant on peut critiquer l'excès de dispositions prises en France pour des lignes très secondaires et qui n'auront jamais de développement sérieux, autant il est étrange de voir une pareille situation acceptée sur des lignes d'une importance capitale, comme l' « Illinois Central », le « Quincy and Baltimore », le « Pensylvania », etc.

Il en résulte que les express subissent des arrêts forcés et répétés aux abords des grandes villes. Il y a des remaniements considérables à faire pour parer à cet état de choses, et la législation aidant, on comprend que les compagnies reculent devant les sacrifices qu'il faudrait faire d'un commun accord avec les autres Compagnies et les Municipalités.

Aux abords des grandes villes, surtout aux traversées par les lignes de chemins de fer, de rues suivies par des lignes de tramways, les accès des passages à niveau sont fermés par des barrières.

Ces barrières sont en général simples et composées d'une traverse équilibrée occupant une position verticale quand le passage est libre et se rabattant quand le passage est fermé. Ces barrières sont commandées par un gardien enfermé dans une petite guérite qui lui permet de voir de loin l'arrivée du train. La manœuvre des barrières se fait soit au moyen de treuils et d'une commande par fils, soit au moyen de l'air comprimé ou du vide. Le vide ou l'air comprimé sont emmagasinés dans un réservoir au moyen d'une petite pompe à main. Dans certaines grandes gares, l'air comprimé est fourni par la machine de manœuvre, qui, de temps en temps, vient remonter la pression au moyen du réservoir de son frein. Enfin on se sert également de l'eau des conduites sous pression soit pour faire le vide, soit pour comprimer l'air.

La fréquence des passages à niveau a obligé les compagnies à adopter ces dispositifs, mais seulement pour les passages transversaux. On voit continuellement les voies ferrées suivre en tramways les rues des grandes villes sans aucune clôture. Il ne faut pas en conclure que les mêmes dispositions pourraient être adoptées dans nos grandes villes. En effet, les voitures à chevaux sont excessivement rares dans les villes américaines, où tout le trafic et le transport des voyageurs se fait par voies ferrées ou par tramways, et les piétons ne sont pas plus gênés par un train marchant à 10 kilomètres à l'heure que par une voiture de tramway.

Les conditions ne sont point les mêmes, et on peut faire là-bas dans de grandes villes ce qu'on ne pourrait faire chez nous que dans de petites villes sans circulation.

Le service de la voie emploie un wagon spécial (fig. 28) pour vérifier les dimensions du gabarit que nous pensons devoir signaler.

Signaux

L'élévation du prix de la main d'œuvre, l'économie qui a présidé à la construction des lignes ferrées en Amérique ont empêché le développement du « bloc system », qui a été appliqué seulement à l'approche des grands centres, là où la fréquence des trains en rendait l'emploi indispensable. En dehors des appareils Saxby et Farmer, appliqués soit dans leur intégrité, soit avec des modifications plus ou moins importantes, il y a eu de nombreux dispositifs spéciaux à chaque compagnie et souvent étudiés en vue d'une solution particulière.

Cependant il y a une tendance, bien dans l'esprit américain, de substituer à la commande directe par leviers, tringles ou fils, des enclenchements et des signaux, ce qui exige une certaine dépense de force musculaire, la commande par un intermédiaire exécutant le travail de force, l'homme n'ayant plus qu'à diriger cet agent dynamique. On peut ainsi non seulement demander à un seul homme de manœuvrer un plus grand nombre d'appareils, mais encore, en supprimant le travail manuel, relever le niveau intellectuel de l'agent chargé de ce service. C'est une tendance bien remarquable qu'on trouve partout en Amérique, asservir les agents mécaniques pour relever le niveau intellectuel de l'homme, qui d'ouvrier ou de simple manœuvre, devient un être instruit, intelligent et pensant. On peut ainsi réduire de beaucoup le nombre des agents employés dans une industrie donnée.

L'agent de transmission qui a donné le plus de satisfaction, est l'air comprimé.

Le « Pensylvania Railroad » avait exposé les diagrammes d'une installation appliquée depuis plusieurs années à l'entrée de sa ligne dans Pittsburg.

Cette installation a été faite par l' « Union Switch and Signal C° » qui exploite les brevets Westinghouse pour l'enclanchement des aiguilles par l'air comprimé, et l'application de l'air comprimé au bloc system automatique.

La section contrôlée par le bloc system a 11 kilomètres de parcours à la sortie de Pittsburg : les blocs ont 800 mètres de longueur, et les signaux sont montés sur des passerelles au-dessus des voies, ainsi que le montre une de nos planches. Chaque signal est placé directement au-dessus de la voie qu'il doit protéger (pl. 13 à 15).

Nous donnons également une vue de l'intérieur de la cabine ; les 24 leviers remplacent 72 leviers de l'ancien système à transmission mécanique ; un seul homme peut donc suffire à la manœuvre (pl. 13).

Une installation de ce genre a été faite à Jersey City : un seul homme assure 2100 manœuvres par jour. Pendant l'heure la plus chargée de la journée, il y a 130 manœuvres à exécuter, plus de deux à la minute.

Les ingénieurs de la Compagnie assurent que le nombre des opérations pourrait être porté à 3000 par jour sans fatigue pour l'aiguilleur.

Le premier principe à poser, lorsqu'on veut appliquer le système de l'automaticité, c'est que le signal soit à « danger » dès que le fonctionnement des diverses connections n'est pas absolument normal. L'expérience de sept années semble établir qu'à la condition d'observer certaines règles, l'emploi de l'air comprimé et de l'électricité donne toute garantie de parfaite sécurité et de parfaite régularité.

Les éléments du système consistent : 1° en un circuit électrique formé par les rails de la voie avec des piles et des relais ; 2° un compresseur d'air avec sa canalisation, et 3° les sémaphores avec leurs cylindres de manœuvre.

Le circuit est composé d'une section de voie de 800 mètres de longueur, isolée des sections qui la précèdent ou qui la suivent ; les deux files de rails d'une extrémité sont réunies chacune à un pôle différent d'une pile.

A l'autre extrémité de la section isolée, les rails sont réunis par l'intermédiaire d'un relai : ce relai commande le circuit d'un électro-aimant qui, lui-même, commande la valve de distribution de l'air comprimé dans le cylindre de manœuvre du sémaphore. Les rails d'une même file sont réunis entre eux par un fil de cuivre rivé à chaque patin, de manière à assurer la conductibilité.

Le circuit est normalement fermé, déterminant ainsi le passage du courant du relai dans l'électro-aimant, qui maintient la valve ouverte.

Qu'un train vienne à passer sur la section, qu'une rupture de rail se produise, qu'un des éléments de la partie électrique vienne à manquer, que tout autre dérangement se produise, la valve n'étant plus maintenue, le cylindre se vide et le signal se met à danger.

Les compresseurs d'air peuvent être de n'importe quel système, mais on en accouple deux de manière à être à l'abri d'une interruption. Une canalisation en tubes de fer de 50 millimètres de diamètre court le long de la voie, et, à chaque signal, un tuyau de branchement va porter l'air aux cylindres ; un réservoir auxiliaire est placé au pied de chaque sémaphore pour collecter l'eau résultant de la condensation, qui pourrait geler dans les appareils.

La pression est maintenue à 4 k, 5 par centimètre carré dans la conduite.

Les sémaphores portent, en général, deux bras ; le bras supérieur est le signal d'avertissement à distance ; le bras inférieur, placé à 1^m,80 en dessous du premier est le signal du bloc et est absolu, les bras ont 1^m,50 de longueur.

Le signal du bloc est peint en rouge du côté où il commande les trains et en blanc de l'autre. Placé à angle droit de jour ou montrant un feu rouge la nuit, il signifie arrêt, placé obliquement à 60° d'inclinaison vers le sol le jour ou un feu blanc la nuit, il signifie voie libre.

Le signal d'avertissement est de la même dimension que le précédent, mais il se termine en queue de poisson ; il est peint en vert. C'est un signal répétiteur commandé par le signal de bloc de la section suivante Placé horizontalement ou indiquant un feu vert le nuit, il signifie que le signal du bloc situé 800 mètres plus loin est fermé ; placé au contraire, dans une position oblique vers la terre, ou présentant un feu blanc la nuit, il indique que le signal du bloc suivant est ouvert.

Tous les bras des sémaphores sont commandés par l'air comprimé sous le contrôle de l'électricité ; les bras ne sont pas reliés directement aux cylindres, mais, par l'intermédiaire d'un système de leviers supportant un contrepoids destiné à fermer le signal dès que la pression de l'air vient à baisser dans le cylindre.

L'électro-aimant qui commande la valve d'admission de l'air est situé directement au-dessus du cylindre ; tant que le courant passe, la valve reste ouverte et la voie reste libre. Qu'il se produise un court circuit, l'électro-aimant cessant d'attirer l'armature qui commande la valve, celle-ci se ferme, et le contrepoids n'étant plus équilibré ferme le signal.

Examinons ce qui se passe quand un train s'engage sur la section. Un court circuit s'établit aussitôt par l'intermédiaire des essieux, la valve se ferme, ainsi que le signal ; cet état de choses reste le même tant que le train est sur la section, mais dès qu'il en est sorti pour passer sur la suivante, l'électro-aimant ouvre de nouveau la valve, l'air comprimé pénètre dans le cylindre, et le signal s'ouvre.

Un dispositif spécial est employé lorsqu'une aiguille est prise en pointe par le train.

Un commutateur appelé « boîte d'aiguille » est placé auprès de chaque appareil de changement de voie et disposé de telle façon qu'il introduise un court-circuit dès que l'aiguille ne donne pas la voie directe ; des dispositions sont prises également pour que le court-circuit se produise et, par suite que le signal se ferme, toutes les fois qu'un croisement n'est pas complètement dégagé par un train ou des véhicules en stationnant sur une voie se détachant de la voie principale.

Les piles destinées à fournir les courants nécessaires à ces différentes opérations sont enfermées dans des puits assez profonds pour qu'elles soient à l'abri de la gelée.

Ce système supprime autant qu'il est possible l'intervention de l'homme dans la manœuvre des signaux du bloc; la longueur de ceux-ci dépend évidemment de l'intensité de la circulation, mais les constructeurs recommandent de ne pas dépasser 1 500 mètres pour chaque circuit. En ce qui regarde la distribution de l'air comprimé, ils recommandent de ne pas éloigner de plus de 30 kilomètres les compresseurs d'air; en fait, il y a lieu de subordonner leur emplacement aux stations où on dispose déjà d'une force motrice; une alimentation, par exemple, pour ne pas avoir besoin d'installer une chaudière spéciale.

Si on tient compte de la suppression de l'effort musculaire demandé au signaleur, on voit qu'on peut combiner plusieurs mouvements destinés à enclancher une aiguille, ou donner une voie de la cabine centrale de manœuvre. En pratique on peut réduire les manœuvres au quart, c'est-à-dire remplacer quatre manœuvres de leviers par un seul déplacement d'une manette qui n'exige aucune force musculaire.

Nous donnons le plan des installations faites à Pittsburg (pl. 15), on peut voir d'après le plan que chaque signal à une fonction spéciale, indiquée à l'opposé de la voie. Ces signaux donnent la voie libre dans tout l'intervalle compris entre eux et le signal suivant. Ainsi le signal n° 2 pour les manœuvres sur la voie 6 doit être lu; 6 à E-9, 8, A, B, 5, 4, 3, 2, ce qui veut dire que quand le signal est ouvert, la voie est libre à partir du signal sur toutes les directions énumérées.

Les lettres A, B, C, D, E, etc, indiquent des points des voies où d'autres signaux 10, 12, 7, 26, 11, commandent d'autres sections.

Ces appareils ont reçu avec succès de nombreuses applications, en dehors du « Pensylvania, » le « New-York Central », le « C, R, de New-Jersey » « Le Chicago Burlington and Quincy, » le « Chicago and Northern Pacific » et le « Southern Pacific », l'on adopté sur plusieurs points ou le trafic est très chargé.

Il nous a paru intéressant de nous étendre sur une application de l'automaticité poussée aussi loin que possible croyons-nous, à la sécurité des trains, ainsi que la réduction au minimun de la force musculaire, et par suite du nombre des agents, nécessaire à la manœuvre des aiguilles, en introduisant un agent mécanique chargé de produire cette force.

Ferrys

Nous signalerons encore, comme accessoires importants de l'industrie des chemins de fer l'emploi toujours très étendu des ferrys.

- La largeur des cours d'eau, la navigation, empêcheront pour beaucoup d'entre eux la construction de ponts, aussi, le ferry est il un élément important du matériel de transport.

Les ferrys servent soit au transbordement des voyageurs et des bagages, soit au transbordement du matériel chargé. La construction n'a que peu varié depuis un assez grand nombre d'années, cependant nous signalerons pour les premiers, un type à hélice qui tend à se développer sur « l'Hudson »(pl. 14).

La vitesse de ces bateaux atteint 18 à 20 kilomètres à l'heure, la manœuvre est très rapide grâce à un dispositif qui permet de raccorder rapidement le pont avec le débarcadère, malgré les différences de niveau de l'eau à chaque marée: Il est juste de remarquer que la marée est excessivement faible sur la côte Est de l'Amérique.

Nous donnons une vue du bateau et différentes vues des cabines et des installations intérieures qui sont très confortables.

La classe des ferrys servant au transport des trains de voyageurs ou de marchandises est plus intéressante. Ces navires portent deux ou trois voies paralèlles et peuvent porter de 12 à 18 wagons à marchandises pesant de 350 à 600 tonnes.

Un des services les plus importants est celui qui est fait par le « Michigan Central à Détroit ».

Le transit est d'une activité considérable et il n'y a pas moins de quatre ferrys attachés à ce service, le parcours a près de trois kilomètres; et l'embarquement des véhicules, le trajet et la formation du train ne prennent pas plus de 25 minutes.

Les ferrys sont disposés de manière à recevoir douze véhicules Wagner ayant 25 mètres de longueur et pesant environ 50 tonnes, soit 600 tonnes.

Le train est coupé en trois, une première rame est embarquée sur la voie centrale puis les deux autres viennent se placer successivement de chaque côté de la première. Les obliquités du pont du bateau dues aux chargements successifs sont compensées par un raccordement indépendant sur chaque voie, ce raccordement est ajusté au moyen d'un treuil à chaîne mis en mouvement par des hommes.

Il faut ajouter que le matériel à trucks facilite singulièrement le passage sur ces raccordements; et il n'est pas douteux que le matériel dont nous nous servons en Europe ne s'accommoderait pas aussi bien d'un passage sur des surfaces aussi gauches. Grâce au matériel souple, jamais il n'arrive le plus petit accident dans ces manœuvres, aussi régulières là-bas qu'une manœuvre d'aiguille en Europe.

Comme nous l'avons dit plus haut, si la tendance générale est de remplacer les ferrys par des ponts, partout ou cela est possible, il restera toujours beaucoup de points ou la construction d'un pont sera interdite, non seulement à cause de la question d'argent, ou par suite de difficultés techniques, mais aussi pour ne pas interrompre la navigation.

Malheureusement cette solution si simple n'est pas applicable partout, les Américains ont été privilégiés. Leur immense territoire est très plat et le régime des eaux très régulier, il s'en suit que la navigation n'est guère gênée que par les glaces. Sur les côtes de l'Est la marée est nulle ou à peu près, enfin l'été les rivières ont toujours un régime régulier.

Il faut donc bien se mettre en garde contre cette solution du ferry pour remplacer les ponts dans les projets de chemins de fer dans les pays neufs où il s'agit d'ajourner les dépenses relatives aux grands ponts.

La solution si pratique et si économique qu'elle soit, n'est que rarement applicable.

CHAPITRE III

Service du transport des voyageurs à l'Exposition de Chicago.

Le service des transports entre Chicago et l'Exposition avait été organisé avec un développement considérable. A peu près tous les modes de transports avaient été mis à contribution : Chemin de fer, Chemin de fer Elevated, Tram-Câble, Tramways électriques, bateaux à vapeur.

Nous n'en dirons pas autant du service intérieur des transports, sur lequel nous reviendrons, mais que dès à présent nous classerons parmi les plus défectueux.

Nous pensons devoir consacrer une partie de cet ouvrage à l'étude des moyens de transport des visiteurs de l'Exposition tant en ce qui regarde le transport à l'extérieur qu'au point de vue de celui des visiteurs en dedans de l'enceinte.

En effet, dans quelques années, Paris donnera aussi sa grande fête internationale, sa World's Fair qui aura une bien plus grande portée politique, philosophique et sociale que l'Exposition de Chicago, qui était l'expression de la puissance et la glorification d'un seul peuple, le peuple Américain.

Si la paix peut durer jusque-là, si l'isolement, résultat de mesures douanières intransigeantes ne s'est pas accentué, l'Exposition de 1900, conduite dans un esprit philosophique, scientifique et méthodique, peut être le point de départ d'une ère nouvelle et heureuse, dont le monde serait redevable à la France. Il est donc du devoir de tous, d'assurer à cette manifestation tous les éléments de succès de manière à ce qu'elle clôture définitivement l'ère de l'esprit fin de siècle, aveu d'impuissance, de paresse et d'incapacité d'une minorité.

Pour assurer le succès d'une exposition, il faut, en premier lieu, faciliter son accès, si fructueuse que soit une manifestation de ce genre par ses congrès, les études auxquelles elle donne lieu, les rapports des jurys, les résultats n'en seront acquis que s'ils ont reçu la consécration de la foule, de la masse, qui, inconsciente, n'en apporte pas moins le poids qui fait pencher la balance.

De l'étude que nous allons faire de l'Exposition de Chicago à ce point de vue spécial, nous espérons déduire d'une manière claire et évidente plusieurs données qui sont les suivantes;

1° Quoiqu'on fasse, si on veut avoir les visiteurs étrangers, il faut qu'auprès de l'Exposition se trouve un grand centre d'attraction.

2° Il est impossible de transporter tous les visiteurs allant ou revenant d'une exposition, car en dehors de la capacité des moyens de transport, beaucoup de familles modestes ne peuvent ajouter aux frais d'entrée, le prix de transport aller et retour répété autant de fois qu'il y a de membres dans la famille. Une exposition doit donc être placée le plus près possible du centre d'une grande ville.

3° Une exposition peut être considérable par ces résultats, sans occuper une surface immense, mais qu'elle soit très étendue, ou de dimensions moyennes, il est indispensable d'en sillonner l'emplacement de moyens de transport.

4° Toutes les fois qu'une ligne intérieure à l'exposition doit desservir deux points éloignés comme c'était le cas pour le chemin de fer de l'Exposition de 1889, il est indispensable, si on veut qu'elle suffise au trafic, de la surélever et de rendre les voies continues pour que les trains sur chaque voie suivent toujours la même direction.

5° Le mode de traction indiqué pour le moment, est la traction électrique.

6' Enfin, il est nécessaire que l'étude des tracés des lignes intérieures se poursuive en même temps que celle du plan général de l'exposition, car elles constituent un élément capital beaucoup trop négligé dans toutes les expositions jusqu'à ce jour, aussi bien en Europe qu'en Amérique.

Nous diviserons en deux cette étude. Nous étudierons d'abord les moyens de transport destinés aux visiteurs venant à Chicago et de Chicago à Jackson Park, puis ensuite les moyens de transport mis à la disposition des visiteurs à l'intérieur de l'exposition.

L'Exposition de Chicago était à 12 kilomètres de la ville, (pl. 16-17) sinon du centre géométrique de la ville beaucoup plus éloigné, mais du centre du public devant aller à l'Exposition, c'est-à-dire de Van Buren Street. C'est

en effet dans cette partie de Chicago que se trouvent réunis les hôtels,
les grandes gares et la ville des magasins de détail.

Entre Michigan Avenue, bordée dans cette partie d'une seule rangée
de maisons et le lac, s'étend un vaste terrain, décoré du nom « Ground »
mais qui en réalité, n'est qu'un terrain vague, c'est une promenade et
un emplacement admirable, presque unique au monde, qui a été absolument gâté par le chemin de fer. C'est qu'en effet, dix voies parallèles
s'étendent le long du bord du lac, coupant la vue et parcourues par
des trains qui se succèdent sans interruption en vomissant des flots
de fumée noire provenant de la combustion du charbon bitumineux de
l'Illinois, des estacades à charbon servant à faire le plein des tenders,
des passerelles métalliques conduisant par dessus les voies ferrées aux
bateaux à vapeur accostés à des quais en bois, complètent un ensemble
très pratique, mais absolument malpropre et affreux.

Si nous nous étendons sur ce point, c'est que nous considérons que
le talent de l'ingénieur ne consiste point seulement à établir un système
répondant à un but donné, mais aussi à ménager le plus possible les
lois de l'esthétique, qui doivent être encore plus observées par les
hommes ayant reçu une instruction scientifique supérieure que par le
commun des mortels.

Ce n'est point faire acte d'ingénieur que de gâter inutilement une promenade magnifique, de diminuer la valeur des terrains avoisinants, le
tout pour arriver à un résultat qui pouvait être obtenu d'une manière
tout aussi satisfaisante tout en respectant le coup d'œil.

Comptant admirer sans réserve beaucoup d'œuvres des ingénieurs
américains, et ne voulant point, comme certains ingénieurs européens,
être injuste à leur égard en nous laissant aveugler par des erreurs
qui sont assez communes aux Etats-Unis, nous pensons qu'on ne nous
trouvera pas trop sévères lorsque nous signalerons des fautes commises
comme celle que nous venons de relever.

Il ne faut pas se dissimuler que les compagnies de transport s'étaient
fait d'étranges illusions sur le nombre des visiteurs de l'Exposition. Aveu-
glés par l'amour-propre national, par l'habitude de faire grand et de voir
grand, ce dont il faut féliciter les Américains, car pour quelques mé-
comptes, cette grandeur de vue est la source de la grandeur de la nation américaine, ils avaient poussé leurs évaluations à des chiffres fan-
tastiques.

Cependant il y avait déjà des précédents, tant en Europe qu'en Amé-

rique et on avait vu l'Exposition de 1889 atteindre 40 millions de visiteurs ; l'Exposition de Chicago a dépassé encore ce chiffre, elle a atteint
un nombre d'entrées qui aurait paru irréalisable à un Européen, mais il
y a loin encore entre les chiffres réalisés et ceux qui avaient été escomp-
tés. Une véritable fièvre avait saisi Chicago ; les hôtels sortaient de terre
dans des terrains déserts et abandonnés, des rues sans maisons se
construisaient, on voyait les visiteurs arriver par centaines de millions.

Il a fallu en rabattre, et il n'en pouvait être autrement. Chicago est
une ville remarquable par son développement, c'est un centre géogra-
phique et commercial unique au monde, mais ce n'est point un centre
de gravité par rapport à la population des États-Unis. Cette Ville, si immense qu'elle soit par l'étendue et par l'activité commerciale, ne possède
que 1 400 000 habitants. Les grandes villes voisines sont encore très
éloignées ; Saint-Paul, Saint-Louis, Pittsburg sont à cinq ou six cents kilomètres, et en dehors de la ville, la population rurale est très clairsemée.
Après l'échec honorable de l'Exposition de Philadelphie, on aurait pu
avoir quelques craintes, quelques doutes sur les espérances escomptées
à l'avance.

La foule ne peut être obtenue que lorsqu'on a près de l'Exposition
un réservoir considérable, qu'une capitale peut seule posséder. A cet
égard, il est certain que si l'Exposition de Jackson Parck avait eu lieu à
New-York, le nombre des entrées eut certainement doublé, car on se
serait trouvé au milieu d'une population bien plus considérable et située
dans un rayon tel que la durée des parcours par chemin de fer n'aurait
pas dépassé deux heures.

Et cependant nous devons dire qu'avec les prévisions européennes,
basées sur les obstacles signalés plus haut, l'erreur aurait été aussi
grande. Mais elle l'aurait été en moins, alors que l'erreur américaine
était en plus. Habitués que nous sommes à voir et à faire étroit, certes
nos prévisions eussent été au-dessous des besoins.

Les compagnies ont évidemment fait des achats de matériel onéreux,
des transformations de voies coûteuses, mais elles ont pu rentrer dans
leurs débours.

La question avait été prise de très haut. Non seulement on s'était pré-
occupé du transport entre Chicago et l'Exposition, mais encore des transports de voyageurs venant des régions les plus éloignées, des États du
Sud, de l'Est, du Nord et de l'Ouest vers l'Exposition, et il avait été prévu
que de nombreux trains viendraient directement à l'Exposition même,

déchargeant les voyageurs dans une gare spéciale située à l'intérieur de l'Exposition. On reculait en somme, on reportait les limites du service de banlieue à 4 ou 500 kilomètres de distance. De plus on pensait que beaucoup de voyageurs venant à l'Exposition descendraient dans les nombreux hôtels construits tout exprès aux portes mêmes du « World Fair » et n'iraient qu'à titre d'exception à Chicago, l'Exposition devant absorber les visiteurs depuis le matin jusqu'à minuit; c'était une erreur, et on l'a bien vu, car bien que Chicago ne soit rien moins qu'une ville agréable pour les voyageurs, ceux-ci subissaient la loi d'attraction des grands centres et désertaient la ville neuve de l'Exposition, où on s'ennuyait mortellement le soir.

En pratique, il a fallu abandonner cette idée et il n'y a eu qu'un très petit nombre de trains entrant directement à l'Exposition. Il s'organisait seulement des trains de plaisir permettant de venir passer une journée à l'Exposition, et venant de points assez rapprochés, comme il en venait à la gare du Champ de Mars en 1889.

Les compagnies aboutissant à Chicago sont les suivantes; nous allons les passer en revue, en indiquant leurs espérances et les mesures qu'elles avaient prises en vue de l'accroissement du trafic.

1° *Chicago, Milwaukee and Saint-Paul*. — Cette compagnie s'était contentée de construire une gare centrale de service de banlieue. Ses trains réguliers devaient venir comme d'habitude à l'Union Depot (gare de l'Union).

2° *Chicago, Burlington and Quincy* avait d'abord songé à construire une gare spéciale, mais y avait renoncé.

3° *Chicago and Alton*. — Cette compagnie, en prévision du trafic, avait doublé sa voie, les avait ballastées en pierre cassée et avait fait l'acquisition de 12 locomotives, de 30 voitures de première classe à soixante places et de fourgons à bagages.

4° *Pensylvania*. — Cette compagnie s'était entendue avec l' « Illinois Central » pour passer sur ses voies, mais n'avait pas eu à faire d'installations spéciales, si ce n'est en mettant en service deux trains extra rapides composés de voitures de luxe.

5° *The Chicago and North Western* avait modifié sa gare centrale, ballasté la voie, ajouté deux voies supplémentaires, installé le bloc-system (pneumatique de Westinghouse), éclairé à la lumière électrique la gare et les voies et doublé sa voie jusqu'à Milwaukee, installé un atelier de réparations de voitures, une usine à gaz Pintsch. Enfin elle avait commandé 167 voitures de première classe, 20 wagons-salons et 24 wagons-parloirs ainsi que 24 locomotives.

6° *The Chicago Northern Pacific.* — Le « *Wisconsin Central* » et le « *Baltimore and Ohio* » avaient passé un traité pour l'exploitation de leur tronc commun. 100 wagons de voyageurs ont été construits, moitié dans les ateliers du « Wisconsin » et moitié dans ceux du « Baltimore and Ohio. ».

7° *Chicago Rock Island.* — *Pacific and Lake Shore.* — *Lake Shore and Michigan Southern.* — La tête de ligne de ces réseaux à Chicago, Van Buren Street, avait été agrandie en remplaçant deux sections à trois voies par trois sections à deux voies. Cette modification augmentait de 50 % la capacité d'expédition de la gare.

8° *Chicago and Western Indiana.* — Cette compagnie, dont le réseau était bien disposé, avait également apporté bien des modifications à son service, modifications des gares, éclairage électrique, prolongement sur 18 kilomètres du doublement de ses deux voies.

9° *The Chicago and Eastern Illinois* et *the Chicago and Grand Trunk.* — Ces compagnies se servent du même terminus à Chicago, la gare du « Chicago and Eastern Illinois ». La disposition des voies permettait de diriger facilement les trains de banlieue sur le World Fair. On s'était contenté de poser la double voie sur 200 kilomètres de longueur sur le « Chicago and Eastern Illinois ».

10° *The Wabash Railroad* n'avait pris aucune disposition.

11° *The Atchison, Topeka and Santa Fé Railroad* n'avait également apporté aucune modification à son installation ni à son effectif de matériel roulant.

12° *The Illinois Central.* — Cette compagnie avait entrepris des travaux énormes, une véritable transformation de son système de voies. Une nouvelle station considérable a été construite à Park Row, au centre de la ville. Cette gare devait servir de tête de ligne aux trains des grandes lignes ; sur 20 kilomètres de parcours toutes les voies ont été relevées. Elles étaient à niveau, et il a fallu les surhausser de manière à laisser passer en dessous les rues, les voitures, les tramways électriques ou autres, etc., etc. Ces passages supérieurs des voies se sont opérés sur des ponts métalliques. Le nombre des voies avait été porté à huit, dont deux pour le trafic de l'Exposition, deux pour le service de banlieue, deux pour les grandes lignes, enfin deux pour les trains de marchandises.

La compagnie avait fait construire 300 wagons spéciaux, montés sur trucks à marchandises et destinés à devenir des wagons de cette catégorie.

Ces wagons, qui contenaient soixante-dix places, étaient à accès latéraux; les portières n'existaient pas et étaient remplacées par une lame de fer plate. Toutes les fermetures d'un même côté du wagon pouvaient se fermer d'un seul mouvement donné à un levier fixé extérieurement à l'extrémité de la caisse.

Ces wagons étaient plus que rudimentaires et moins que confortables, mais les trains circulaient avec une vitesse et une régularité remarquables. Des quais surélevés, en bois, empêchaient d'avoir besoin de marchepieds.

La compagnie avait compté affecter 75 locomotives et 450 voitures au service de l'Exposition. Elle comptait expédier des trains toutes les deux minutes. C'était tout ce que pouvait permettre le bloc-system Hall, qui venait d'être installé. On comptait ainsi sur une capacité de transport de 30 000 voyageurs dans chaque sens par heure.

Ces trains en réalité ne partaient que de dix en dix minutes, sauf à certains moments de la journée et à certains jours. Ils ne s'arrêtaient pas entre la gare spéciale de Van Buren Street et Midway Plaisance première station desservant l'Exposition, ils allaient ensuite à la gare centrale de l'Exposition, parcourant le trajet en 20 minutes.

En outre l'« Illinois Central » avait ses trains du service de banlieue, Blue Island, South Chicago, etc., qui passaient de cinq minutes en cinq minutes et desservaient les stations de l'Exposition, sans pénétrer toutefois dans Jackson Park. Ce système de trains, qui prenait tous les voyageurs des quartiers situés entre Van Buren Street et l'Exposition, était susceptible de transporter 12 000 voyageurs à l'heure dans chaque sens.

13° *Michigan Central R. Roade* ne faisait pas de trafic de banlieue, mais avait considérablement augmenté son service de grandes lignes. Il avait ajouté 100 voitures à voyageurs et 40 locomotives à l'effectif de son matériel roulant.

14° *Alley Elevated.* — L'Elevated, construit en vue de l'Exposition, partait de Congrès street, à peu près en face Van Buren street, station des voies ferrées ordinaires, mais plus à l'intérieur de la ville, il avait son terminus sur le toit du bâtiment de la section de la « Transportation » à l'Exposition. La ligne devait être exploitée avec des trains partant de minute en minute, mais l'effectif du matériel n'a pas permis de dépasser le nombre de 20 trains à l'heure dans chaque sens. Les trains étaient toujours bondés, il est donc à croire que la Compagnie a dû regretter l'insuffisance de son matériel qui ne lui a pas permis de tirer tout le profit qu'elle pouvait attendre de son entreprise.

Les voitures étaient du type des voitures des Elevated de New-York, les locomotives, d'un type plus fort, étaient du type Vauclain Compound et sortaient des ateliers de Baldwin.

L'infrastructure était du type adopté à New-York, en treillis métallique rivé. Un dépôt-remise se trouvait du côté de Jackson-Park. L'installation était très complète et présentait un bon exemple d'Elevated.

15° *Trams câble.*—Chicago est sillonné par un grand nombre de lignes de Trams câbles, le « Cottage Grove » avenue et le « State Street » avenue conduisaient à l'Exposition. Ce moyen de transport est très puissant. Au moment de la cérémonie qui avait eu lieu le 25 octobre 1892, lors de l'ouverture des bâtiments à la réception des objets exposés 600.000 voyageurs ont été transportés dans la journée, par ces deux lignes.

Les trains se composaient d'un car portant un grip et de deux cars remorqués. Ce tramway de Cottage Grove avenue, qui possédait une boucle à chaque extrémité a pu être exploité avec des trains se succédant de trente secondes en trente secondes, mais le State Street Tram câble ne pouvait pas être exploité aussi rapidement, n'ayant de boucle qu'à une extrémité et devant faire une manœuvre à l'extrémité voisine de l'Exposition.

La vitesse de marche du câble est de 21 kilomètres à l'heure, mais cette vitesse est loin d'être celle du train qui a de nombreux arrêts et doit très souvent ralentir à la rencontre d'autres véhicules, la vitesse commerciale était réduite à la moitié, il fallait une heure pour faire les douze kilomètres du parcours.

Il a fallu espacer aussi un peu les trains qui ne passaient guère que 45 secondes en 45 secondes, la présence d'un grand nombre de trains dans les boucles infligeant un trop grand effort au câble.

Ce système n'en a pas moins marché avec une régularité admirable, et nous pensons que tous les ingénieurs qui ont été à même de suivre cette exploitation, seront unanimes à reconnaître que, là où on ne veut pas accepter le conducteur aérien des tramways électriques, le tramway à câble est la meilleure solution. Grande régularité, grande élasticité, grande puissance de transport, ce sont là ses caractéristiques, et on ne comprend pas comment ce système n'a pas été appliqué à l'immense majorité des tramways dans Paris.

16° *Tramways électriques et à traction animale.* — Il n'y avait pas de lignes de Tramways électriques venant de la ville et aboutissant à l'Exposition, mais par contre il y avait plusieurs lignes électriques venant de la banlieue. Toujours à conducteur aérien, ces lignes marchaient très bien et ont transporté beaucoup de voyageurs.

Nous citerons le Pullman Electric, le Calumet Electric, etc., etc.

17° *Transport par eau.* — « The World's Fair Stamships Company » avait monopolisé le transport par eau et avait installé une jetée spéciale d'embarquement, ouvrage en bois d'une étendue considérable et situé devant Van Buren street. Un navire du type Whale back, le *Christopho Colombus*, absurde pour le but poursuivi, pouvait prendre 5 000 passagers qui, placés dans les hauts, compromettaient singulièrement sa stabilité.

La puissance de transport maximum était de 30 000 à l'heure.

Si on résume l'ensemble des moyens de transport entre Chicago et l'Exposition, on voit qu'ils étaient susceptibles de transporter 110 à 115 000 voyageurs dans chaque sens et par heure.

On peut dire que, à part de très rares exceptions, la capacité de transport a toujours été suffisante, bien qu'à certaines heures les véhicules fussent absolument bondés.

C'est que ce trafic est très spécial, il change de sens à un certain moment de la journée et arrive par à-coups. Pour amener un nombre donné de visiteurs dans une exposition, ce n'est pas sur le trafic par jour qu'il faut tabler dans ses calculs, mais sur le trafic pendant un petit nombre d'heures. Plus une exposition est éloignée, plus ce petit nombre d'heures est réduit, car on ne va plus là pour passer quelques instants, mais pour toute la journée puisqu'il s'agit d'un déplacement important, et, alors que les difficultés s'accroissent par la distance, l'utilisation des trains diminue.

C'est donc, à ce point de vue, une erreur de mettre les Expositions universelles en dehors des grands centres, il faut, si on veut avoir la foule, non seulement multiplier tous les moyens de transports, mais admettre encore qu'une grande partie des visiteurs, iront à pied par économie.

Aux États-Unis les tarifs sont peu élevés et les transports vers l'Exposition étaient véritablement à bas prix, les tram câbles, les Elevated, les tramways électriques prenaient un tarif unique de 0 fr. 25 pour les dix kilomètres de parcours, l'Illinois, dans ses trains spéciaux express, prenait 10 cents, soit 0 fr. 50, les bateaux 5 cents, 0 fr. 25.

C'est à cette condition seule que les visiteurs peuvent accepter la gène et la perte de temps qui résultent de l'éloignement ; il est juste d'ajouter qu'en Amérique, les transports par tramways ou par Elevated sont tellement introduits dans les mœurs, qu'on y fait beaucoup moins attention qu'en Europe, cependant le transport même avec ces tarifs représentait une dépense de 3 francs pour une famille de six personnes. C'est une somme de nature à éloigner bien des visiteurs.

En résumé, l'ensemble de ces moyens de transport qui, en une journée de dix heures pouvaient débiter 1 200 000 voyageurs dans chaque sens n'en ont jamais eu plus de 400 000 à transporter, et encore répartis sur une durée de quinze heures. C'est un résultat remarquable certainement, mais on voit au prix de quels efforts, et de quelles dépenses.

Nous donnons également un plan de la gare d'arrivée à Jackson Park, gare beaucoup trop grande, car, destinée à recevoir des trains directs arrivant de tous les coins de l'Amérique, elle n'a jamais reçue que des trains de trafic local. Cette gare monumentale a été sans emploi et aurait très bien pu ne pas être construite. Nous en donnons le plan, planche 161 et l'élévation figure 03.

Le bois y était largement représenté tant pour les abris que pour les trottoirs.

On voit, en somme, que, comme l'Exposition de Paris en 1889, on disposait des transports par chemin de fer, par tramways et par bateau, mais alors qu'il était impossible d'aller à pied au World's Fair, la grande majorité des visiteurs Parisiens ont employé ce mode de transport. Pour le moment, et nous y reviendrons, nous voulons attirer l'attention sur les services rendus par les câbles cars qui n'avaient pas pourtant été construits en vue de l'exposition, mais bien pour le service urbain. Les deux lignes de Cottage Grove et de State street auraient pu à elles seules transporter plus de 100 000 voyageurs à l'heure.

Si nous nous reportons à l'Exposition du Champ de Mars, nous pouvons donc dire que, si les quatre lignes de la rue Taitbout-Trocadéro, Villette-Trocadéro, Louvre-Iéna, boulevard Saint-Germain Esplanade des Invalides, étaient installées avec ce système tellement consacré par la pratique, et exploitées comme à Chicago, le transport des voyageurs du centre de Paris serait absolument assuré, surtout en tenant compte de la navigation et du chemin de fer de ceinture.

Certainement, on ne s'occupe pas assez de ce mode de traction tout indiqué quand on ne peut adopter le conducteur électrique aérien. Tout n'est pas dit sur les tramways électriques, et, en dehors du coup d'œil, peu satisfait par les conducteurs aériens et leurs supports, le passage d'un courant à haute tension dans les voies a donné lieu à des inconvénients graves et à des déperditions importantes sur lesquelles nous reviendrons, mais qui permettent au câble car de maintenir sa place là où il existe un trafic intensif.

Transport à l'intérieur de l'Exposition.

Ce service était aussi mal compris que possible, ce en quoi il était très différent du précédent. Il n'y avait que deux moyens de transport, l'Elevated intramural, et des chaloupes électriques sur les lagunes.

Le dernier système était très joli ; ces petites embarcations étaient ravissantes, mais n'étaient qu'un amusement pour les visiteurs, et ne pouvaient en rien prétendre à être un moyen de transport.

L'intramural était, au contraire, un instrument très sérieux, bien installé, très puissant, mais son tracé était absolument défectueux ; confiné le long de clôtures, il ne conduisait à rien, et, pour le prendre, il fallait faire un long parcours à pied suivi d'un autre long parcours pour aller au point où on désirait se rendre. Aussi, malgré le besoin de moyens de transports, les trains étaient-ils à peu près vides. L'erreur a été complète ; il est certain que le plus grand reproche qu'on puisse adresser à l'administration de l'Exposition, c'est d'avoir absolument négligé ce côté de la question (fig. 05).

Jackson Park était immense et le moindre déplacement d'un bâtiment à un autre était une course sérieuse ; il fallait quarante minutes à pied pour aller de l'exposition Krupp aux beaux-arts ; on perdait une grande partie de son temps en marches et contre-marches sous un soleil terrible. Et cette lacune a beaucoup nui certainement au succès final. On avait été forcé de reléguer ainsi l'elevated, car, perché sur ses colonnes il faisait le plus vilain effet et il aurait gâté tout l'ensemble architectural. Parfait, pour desservir deux points donnés, si on dispose d'une allée masquée, ce système doit céder le pas aux tramways à niveau, à traction électrique, lorsqu'il s'agit de parcourir le terrain même de l'exposition.

En 1889, l'emplacement du chemin de fer qui suivait la clôture était très bon, car le Champ de Mars n'avait qu'une largeur restreinte, mais il n'en était pas ainsi à Chicago. Les plaintes justifiées des visiteurs de World's Fair montrent qu'il faut ou condenser une exposition, ou, si on est forcé de lui donner de l'étendue, la munir d'un réseau de tramways, étudié en même temps que le plan d'ensemble, de manière à ne gêner en rien la circulation des piétons, tout en offrant aux visiteurs le moyen de se transporter plus rapidement et sans fatigue d'un point à un autre.

Mais toutes les lignes de tramways doivent être basées sur le principe de l'exploitation continue, c'est-à-dire que les voies montantes et descendantes doivent être raccordées aux deux extrémités par des boucles, de manière à éviter les manœuvres, les aiguillages, en un mot toutes les causes d'accidents. Il suffit pour régler le service de maintenir la distance entre les trains marchant toujours dans le même sens.

Nous n'entrerons pas dans la description de l'installation électrique de ce chemin de fer, qui est étudié dans le chapitre de l'électricité de la présente *Revue* ; nous nous contentons donc d'en parler au point de vue exploitation.

Les voitures étaient toutes découvertes et en forme de char-à-bancs avec portières latérales s'ouvrant de la plate-forme. Un conducteur était nécessaire pour chaque groupe de deux voitures, les voitures étaient très simples, mais suffisantes ; cependant, par la pluie, l'absence de rideaux se faisait désagréablement sentir.

Les voitures étaient munies d'un frein à air comprimé Westinghouse dont le compresseur à cylindre oscillant était mis en mouvement par un petit moteur électrique.

Les trains se composaient de six voitures, et le personnel de trois conducteurs et d'un conducteur chef chargé de la conduite des appareils électriques et de la manœuvre du frein.

Aucun personnel dans les gares, qu'une buraliste vendant des billets, et un contrôleur à la porte recevant les billets dans une boîte à parois en verre, comme cela se pratique sur tous les elevateds. Les gares en courbe étaient protégées par des signaux automatiques à distance. Au reste, tous les trains marchant dans le même sens sur un circuit continu, aucun accident n'était à craindre.

Nous ferons, en passant, une critique aux elevateds. C'est que l'absence d'ascenseurs dans les stations rend leur accès très pénible pour les personnes âgées, délicates ou infirmes : si ce système, si pratique et si commode venait à s'implanter en Europe, il est certain que l'installation d'un ascenseur dans chaque gare s'imposerait, les mœurs européennes ne permettant pas de négliger les faibles et les impotents.

Cette question du transport des visiteurs tant à l'extérieur qu'à l'intérieur d'une exposition nous semblait mériter l'examen que nous lui avons consacré, car c'est certainement un des côtés de l'organisation d'une exposition, et un des éléments de succès, si ces transports sont bien compris.

Nous dirons également deux mots d'une installation traitée au point de vue mécanisme et moteur, dans une autre partie de la *Revue*. Il s'agit du trottoir mobile qui, à Chicago, avait été malheureusement placé dans de mauvaises conditions pour se rendre compte des services que peut rendre ce système (fig. 04).

Nous en rappellerons seulement les grandes lignes.

Le système se compose d'une série de véhicules à deux essieux attelés les uns derrière les autres d'une manière continue et formant une chaîne sans fin, ayant la longueur de la voie ; ces véhicules roulent sur une voie ordinaire fermée et sont mis en mouvement par des moteurs électriques. Deux lames d'acier, formant rails continus, et devant, par suite, avoir une certaine flexibilité dans le plan horizontal, reposent sur chaque file de roue ; ces deux lames portent des plateaux articulés entre eux ; soit v la vitesse des véhicules inférieurs, vitesse qui est celle de la jante des roues, il est facile de voir que la vitesse des plateaux portés par les lames sera $2\,v$.

Les véhicules inférieurs supportent un trottoir articulé latéral.

Si le premier trottoir est animé d'une vitesse de 5 kilomètres à l'heure, un piéton peut, en marchant auprès de lui à la même vitesse, passer dessus sans s'apercevoir du changement, et en continuant à marcher toujours du même pas, il pourra de même monter sur le trottoir marchant à 10 kilomètres. S'il continue de marcher à la vitesse de 5 kilomètres, sa vitesse réelle sera de 15 kilomètres à l'heure.

Ces passages se font sans difficulté, et il est certain que le système pourrait être employé très avantageusement pour desservir, avec un débit presque illimité, soit une grande galerie, soit réunir deux centres d'attraction séparés par des jardins. Il est nécessaire que l'ensemble, à moins d'occuper un emplacement non accessible, soit surélevé, car il n'y a pas de passage à niveau possible.

Nous pensons que ce système pourra trouver de nombreuses applications, mais à la condition de donner à chaque trottoir une largeur plus grande que celle qui avait été donnée à Chicago ; il faut qu'on puisse circuler sur les parties mobiles sans aucune gêne.

Lorsqu'on se reporte à l'Exposition de 1889, on voit combien son exiguité relative, par rapport à l'Exposition de Chicago, avait été un élément de succès, les moyens de transport tant à l'extérieur qu'à l'intérieur lui faisaient défaut, et sur le seul parcours un peu long de l'esplanade du Champ de Mars, le chemin de fer de l'Exposition était absolument débordé, sa capacité de transport étant vite dépassée.

Il lui aurait fallu, pour être à la hauteur de tous les besoins, être en voie surélevée de manière à éviter les passages à niveau de l'avenue de Latour-Maubourg et de Labourdonnais ; de plus, il aurait fallu adopter un tracé circulaire de manière à éviter les manœuvres et les accidents ; il ne s'en est pas produit, cela est vrai, mais c'est une chance heureuse.

Le tracé rationnel eût été de sortir de l'exposition derrière la galerie des Machines et de venir rentrer dans l'esplanade du côté des Invalides, de cette manière on aurait constitué le circuit complet.

Enfin, il aurait fallu réunir le Trocadéro avec la ligne du Champ de Mars, un trottoir mobile aurait parfaitement convenu.

Malheureusement, le chemin de fer intérieur n'avait pas été prévu, et quand il a fallu le faire cadrer avec le plan, on a éprouvé les plus grandes difficultés ; c'est pourquoi nous avons dit qu'il fallait concevoir les moyens de transport en même temps que le plan d'ensemble, ne point songer à montrer de belles choses au public seulement, mais aussi lui donner le moyen de les voir sans trop de fatigue et sans perte de temps.

CHAPITRE IV

Matériel roulant., Voitures et wagons.

Avant d'aborder la description des véhicules exposés, nous pensons devoir dire quelques mots sur la construction du matériel roulant aux États-Unis.

L'énorme réseau de 300 000 kilomètres, qui couvre l'Amérique du Nord, consomme une quantité considérable de matériel roulant. On ne peut guère songer à entretenir le matériel à marchandises, comme on le fait en Europe, car, une fois un wagon sorti de son réseau, il peut rester des mois absent, et même plus. Le matériel doit donc être à la fois robuste et à bas prix, quitte à avoir une existence plus courte. Il ne faut pas croire cependant que ce matériel soit rapidement hors de service : nous avons vu des véhicules circulant depuis vingt ans, et encore en bon état.

L'industrie de la construction du matériel roulant est surtout localisée dans l'Est et dans le Centre. Sans chercher même à nommer toutes les usines les plus importantes, nous citerons cependant les ateliers de Wagner à Buffalo; de Sharp et Jackson à Willmington; de Pullman à Chicago, Saint-Louis et Détroit; le Détroit Car Shop Cᵒ, de Billmayer and Small Cᵒ à Providence, etc.; ateliers immenses employant de 3 à 6 000 ouvriers, pouvant, comme Pullman à Chicago, construire tous les ans 300 cars à voyageurs, sleepings, dinings, etc., pesant chacun de 45 à 50 tonnes, et 12 000 wagons à marchandises.

Le seul matériel usité aux États-Unis, est le matériel sur trucks. Le truck peut être à quatre ou à six roues. La longueur des véhicules à voyageurs varie de 15 à 26 mètres, et celle des wagons de 8 à 14 mètres.

La caisse, aussi bien des wagons que celle des voitures, est toujours en bois, avec renforts, tirants, contre-plaques en fer ou en acier.

Dans ces voitures, c'est la caisse qui forme poutre armée; il n'y a pas de châssis : c'est la paroi verticale de la caisse qui doit en tenir lieu. Lorsque cette poutre est bien étudiée, le résultat est des plus satisfai-

sants. Les voitures font un long et rude service sans aucune déformation, malgré leurs grandes dimensions tant dans le sens longitudinal
que dans le sens transversal.

Dans les wagons, il n'est pas possibe d'utiliser aussi bien les parois
latérales pour donner de la rigidité à la caisse; les portes roulantes empé-
chent d'adopter la solution prise pour les voitures. Aussi l'emploi du bois
nous semble moins heureux que dans le cas précédent. Il faut, en effet,
constituer le plancher du wagon par une série de poutres renforcées par
un tirant et un ou deux poinçons à la partie inférieure, et c'est ce plancher reposant sur deux trucks, qui doit résister à la charge.

Dans les wagons couverts, les plus répandus en Amérique, on essaie
bien de faire participer la caisse à l'effort vertical, mais l'appoint ainsi
obtenu, est insignifiant.

Nous pensons donc qu'un châssis métallique bien étudié donnerait, à
poids égal, un châssis plus résistant. Sans tomber dans les excès de
poids, qui sont de règle en Europe, on peut arriver, surtout avec les
tôles embouties, à construire un matériel ayant tous les avantages
du matériel américain sans avoir ses défauts.

Le pitchpin est presque exclusivement employé, avec le yellow pin,
dans la construction des wagons. Dans les voitures à voyageurs, les
brancards sont en pitchpin, les pieds corniers et les châssis des plates-
formes en chêne, les montants des fenêtres, les courbes du pavillon et
du lanterneau en frène; le panneautage extérieur est en peuplier d'Amérique, bois à grain très fin qui, posé bien sec, prend très bien la peinture et ne joue jamais, ni à la chaleur, ni à l'humidité.

L'intérieur est décoré suivant la destination des voitures, mais les
voitures ordinaires et les voitures de banlieue sont en général doublées
en chêne clair verni. Les parties courbes sont en général formées de six
feuilles collées ensemble à fils contraires, le cintrage étant donné pendant le collage. Tous les ornements, moulures, sculptures, etc., sont
toujours tirés de la pièce de bois elle-même, qu'il s'agisse d'un bois pré-
cieux ou d'un bois commun. Jamais on ne voit de baguettes rapportées
ou de plaquage.

La voiture courante en service est la voiture de 1re classe, ces voitures ne forment qu'une grande galerie sans séparation, des sièges
sont rangés de part et d'autre d'un passage central avec des dossiers
reversibles.

La garniture est en général en velours rouge ou, pour les elevateds

et les lignes de banlieue, en rotin. Il y a toujours dans les voitures destinées à circuler sur le réseau, deux water-closets et deux lavabos. La
contenance est en général de 56 voyageurs (fig. 40 à 45, fig. 49).

Le gabarit extérieur est de 3 mètres à 3^m,10 avec, une épaisseur de
paroi de 15 à 17 centimètres; la hauteur est très grande : elle atteint
2^m,80 sous le lanterneau, l'éclairage est obtenu au moyen de lampes à
pétrole; cependant, dans l'Est, on emploie le gaz Pinsch, et beaucoup
de voitures de luxe sont éclairées à l'électricité.

La question du chauffage, si importante dans des régions aussi
froides, est très bien résolue de diverses manières. Les appareils sont
toujours à circulation d'eau chaude ou de vapeur. La pression adoptée
est en général de 2 atmosphères. L'eau est chauffée au moyen d'une
chaudière à circulation d'eau, le bouilleur étant constitué par un ser-
pentin placé à l'intérieur d'un calorifère.

La chaudière peut aussi être unique et placée dans le fourgon, elle dessert alors toutes les voitures du train; enfin on a en ce moment une grande
tendance à employer la vapeur des locomotives pour chauffer les trains
Les chaudières ont une surface de chauffe considérable, en général,
dans les locomotives américaines; d'un autre côté, les mécaniciens ne
sont point soumis au régime des économies de combustible. On comprend donc qu'on ne rencontre pas les ennuis qui ont été éprouvés
quand on a dirigé les essais dans cette voie en Europe. La petite longueur des voitures du continent, forçant à multiplier les joints d'accouplement, est aussi une cause de difficulté qu'on ne rencontre pas dans
les trains américains, qui contiennent au plus six ou huit véhicules.

Les appareils les plus usités sont ceux de la Car Heating C° d'Albany.

Les accouplements sont très simples ils se font par simple juxtaposition
et c'est la pression elle-même qui consolide la fermeture; en cas de rupture d'attelage l'accouplement se défait de lui-même sans rupture de
la conduite ni des raccords.

Ces appareils de chauffage sont très bons, mais leur application
n'est guère possible en France à cause des règlements relatifs aux chaudières à vapeur, à moins de prendre la vapeur de la locomotive. La présence de vapeur d'eau sous pression exige en effet toute une série d'appareils de sûreté, des vérifications, etc., dont l'ennui serait doublé en
Europe par la multiplicité, car les voitures sont bien plus courtes que les
voitures américaines. Enfin, l'entretien des calorifères peut se faire avec

la communication dans la longueur des trains mais non avec nos compartiments séparés. M. Bourdon constructeur à Paris avait exposé un appareil répondant bien aux conditions d'un bon chauffage des voitures au moyen d'un calorifère à circulation d'eau chaude à la pression atmosphérique à l'abri de la gelée et convenant aussi bien à un grand véhicule qu'à un petit.

Les attelages sont de deux modèles, les attelages des voitures à voyageurs et les attelages des wagons à marchandises. Le train mixte est en somme inconnu aux Etats-Unis et cette dualité dans les attelages n'a pas d'inconvénient, cependant il faut ajouter que les attelages peuvent s'accoupler entre eux au moyen de mailles.

Le matériel à voyageur est toujours muni d'un attelage automatique donnant un attelage par contact avec bande initiale du ressort de traction. On peut dire que l'attelage au contact est absolument réalisé. Ces attelages sont dérivés de deux types, le plus ancien est le « Miller », et les plus récents procèdent du « Jeanny. » (voir pl. 66-67).

On en est arrivé à munir chaque plate-forme d'un large tampon unique articulé sur ses deux tiges de manière à suivre tous les mouvements des deux wagons sans que les tampons se séparent.

Pour les véhicules à marchandise, les attelages sont d'une infinité de forme, mais tous, automatiques ou non, peuvent s'atteler ensemble au moyen de broches et de mailles.

L'attelage automatique se développe de plus en plus et il arrivera un jour prochain où tous les attelages seront de ce système. Les attelages se faisaient autrefois en fonte, ils sont maintenant en acier coulé aussi bien pour les wagons à marchandise que pour les voitures.

La course des attelages est moins grande que dans nos véhicules, il en résulte un moins grand déplacement d'un véhicule par rapport à celui qui lui est voisin, aussi l'intercommunication par plate-forme fermée est elle bien plus parfaite dans les trains américains que dans les nôtres, aussi bien dans les voitures à six roues que dans les voitures sur boggie de la Société Internationale des wagons-lits. L'attelage à maille qui est en train de disparaître laisse un jeu de trois à quatre centimètres entre chaque tampon, les démarrages sont facilités mais au détriment des attelages qui se rompent souvent ; ce jeu est dans tous les cas moins grand que dans les wagons à marchandise anglais dont l'attelage est formé par une simple chaîne sans tendeur.

Les trucks sont à quatre ou six roues pour les voitures à voyageurs et à quatre roues sauf exceptions très rares pour les wagons à marchandise.

Le truck à voyageurs est toujours à double suspension avec traverse oscillante supportant le pivot central, le châssis est en bois en général armé de tôles, les plaques de garde formant glissières sont en fonte. Le pivot en fonte, ou souvent maintenant en acier étampé, est ou sphérique ou muni de cannelures mâles et femelles concentriques, un boulon de 40 à 45 millimètres complète la connection.

Les trucks à marchandise sont rarement en bois dans la construction moderne, ils sont en fer et la suspension est simple, un châssis est boulonné sur les boîtes, le châssis porte une traverse qui reçoit la charge du wagon par l'entremise de ressorts à boudins et d'une traverse simplement guidée dans le châssis.

Certains trucks ont cependant des traverses oscillantes, mais les types tendent à s'unifier ; la charge considérable, des wagons qui atteint très souvent 30 tonnes, exige une construction très robuste.

La boîte est toujours dérivée de la boîte Paget, le coussinet est fixé en place par une clé qui permet de le sortir sans démonter la boîte.

Les trucks supportent toujours la timonerie des freins, cette timonnerie très légère est très intéressante à étudier, il y aurait certainement beaucoup à prendre de ce côté, beaucoup de pièces de la timonerie sont en acier embouti ou en tubes renforcés par un tirant, les sabots sont fixés par une simple clavette aux porte-sabots qui sont en acier coulé ou en fonte malléable.

Les essieux sont toujours, sauf de très rares exceptions, en fer, la routine l'emporte encore et on ne peut faire accepter les essieux en acier par crainte des ruptures pendant les grands froids de l'hiver ; les essieux sont en général faits avec des riblons et martelés avec des martinets à rabat mûs à la vapeur au lieu de marteaux pilons.

Les roues des véhicules à marchandises, ainsi que d'une partie des voitures à voyageurs sont en fonte. Certainement la première mise de fond n'est pas élevée, mais ses roues ne font pas un bon service, il faut souvent les changer, en outre, à l'origine, elles sont rarement du même diamètre (fig. 29 et 30).

Dans les voitures à voyageurs de luxe, on emploie des roues en papier Allen, qui en réalité sont des roues composées de plaques de tôle d'acier avec un remplissage de papier comprimé, des roues Mansell en bois, des roues en acier coulé avec bandage rapporté, on essaie aussi des roues composées de tôles embouties et boulonnées, on en arrivera

certainement à adopter les roues en fer et en acier étampe en usage
courant et exclusif en Europe, il y a là même, de la part des constructeurs américains, une résistance qui ne s'explique pas (fig. 31 à 35).

Freins. — Tous les trains de voyageurs sont munis de freins continus, et comme nous l'avons dit, l'application des freins aux véhicules
à marchandises s'étend tous les jours. Le frein le plus répandu est le
Westinghouse, cependant plusieurs qui en dérivent, ont pris une importance très grande auprès de lui ; nous signalerons spécialement
le New-York Brake qui a été appliqué sur un grand nombre de lignes
et qui se développe de plus en plus. Ce qui a contribué, dans une
grande mesure, à étendre ces applications, c'est que toutes les parties
en sont interchangeables avec celles du frein Westinghouse, c'est-à-dire
qu'on peut adapter la triple salve de l'un des freins à l'autre, les cylindres, etc., etc.

Une compagnie dont le matériel est muni du frein Westinghouse
peut donc adopter comme pièces de rechange des pièces provenant du
frein du New-York Brake.

La différence entre les deux freins repose surtout sur des différences
de détail qui, au dire des promoteurs, constituent une supériorité, tant
dans la rapidité de la manœuvre que dans la durée des freins en service.

La pompe Duplex constitue un des points intéressants de ce frein, la
compression se fait en deux fois, une première pompe comprime l'air
dans le cylindre d'une seconde qui l'envoie dans le réservoir, à la pression voulue. La distribution de vapeur d'un cylindre est faite par le
piston du cylindre conjugué, la distribution est très simple et peut être
facilement visitée (pl. 18 à 22).

Le fonctionnement des tiroirs est facile à comprendre à la simple
inspection des planches que nous donnons.

La pompe à simple effet demande 100 de vapeur pour donner 88 d'air
comprimé (en volume), alors que la pompe Duplex donne pour 100 de
vapeur 148 d'air.

Les plus fortes pompes destinées aux trains de marchandises de
50 véhicules à trucks, ont des cylindres de 180 millimètres de diamètre
pour les deux cylindres à vapeur et le cylindre de haute pression à air,
le cylindre de basse pression ayant 250 millim. de diamètre (pl. 18-19).

Des essais ont été faits au point de vue du maintien de la pression
dans les conduits à la suite d'une fuite survenue en cours de route, la

comparaison entre la pompe simple et la pompe Duplex a donné le résultat suivant :

Pression à partir du moment ou l'air sous pression a été envoyé dans la conduite.

Durée de l'opération :

Pompe Duplex	Pompe à simple effet	Pression dans la conduite
2' 30"	7'	2k,5
5' 45"	16'	3 ,75
8'	30'	4 ,5
11' 15"	n'a pu dépasser 4k,75.	5 ,0

Le nombre de coups de piston était de 81 pour la pompe Duplex et de 106 pour la pompe à effet simple.

Le robinet de manœuvre est modérable, il contrôle dans une certaine mesure le serrage des freins, nous disons dans une certaine mesure, car la manœuvre ne nous a pas semblé aussi précise et aussi graduée que celle qu'on obtient avec le robinet de manœuvre du frein Wenger. Cependant nous avons pu nous rendre compte de la supériorité du robinet du New-York brake sur le robinet de Westinghouse.

La coupe de l'appareil que nous donnons permet de se rendre compte du fonctionnement (pl. 19).

La partie supérieure du piston 32 est en communication avec la conduite, tandis que la partie inférieure reçoit la pression du réservoir principal ; une soupape 42 permet l'évacuation de l'air de la conduite. Cette soupape est ouverte par le levier 50 mais automatiquement fermée par le piston 32, le levier 67 commandé par l'excentrique 44 sert à ouvrir la soupape 42. Le levier 65 qui prend son point d'appui sur l'axe 47 et qui est accouplé avec l'axe d'excentrique 44 par la bielle 66, sert à ouvrir la soupape d'entrée d'air 64 et la petite soupape 70.

Pour serrer le frein le levier est déplacé de deux crans. Ce mouvement soulève l'extrémité du levier 67, et avec la soupape 42 qui laisse l'air s'échapper. Comme la pression baisse au-dessous du piston 32, la pression du réservoir relève l'autre extrémité du levier 67, ce qui permet à la soupape 42 de se reposer sur son siège et de suspendre l'évacuation de l'air de la conduite.

Si l'axe de l'excentrique n'est que peu élevé, le piston 32 n'aura que peu de chemin à faire pour refermer la soupape d'évacuation et le serrage très faible, si ce déplacement est plus fort, le parcours du piston sera plus grand, et la chute de pression plus considérable. L'automati-

cité du piston est obtenu au moyen du renvoi d'angle 34 et du ressort 33.
Le ressort est calculé de manière à ce que le piston reste au bas
de sa course tant que la pression est égale sur les deux faces de ce
dernier, à ce moment le bras de levier du mouvement de manivelle est
très petit, le bras de levier en communication avec le piston étant beaucoup plus grand. Aussi, la plus légère différence de pression détermine
l'élévation du piston, mais au fur et à mesure que ce mouvement se
produit, le bras de levier du piston diminue pendant que celui du ressort croît jusqu'au moment où l'équilibre se produit et le piston s'arrête.

Il en résulte que la dépression dans la conduite dépend du déplacement de l'excentrique commandé lui-même par le levier de manœuvre.
Pendant la position de marche, le levier est placé au premier cran, la
soupape 64 est fermée et l'air peut seulement passer par la valve 70
pour aller à la conduite générale, mais il ne peut le faire qu'après avoir
passé par la soupape de réglage de pression 68 et avoir comprimé le
ressort 69.

Triple valve simple
(Planche 19)

La triple valve simple n'est employée que pour les machines ou les
tenders. La figure que nous en donnons indique le fonctionnement
du mécanisme, l'échappement de l'air du cylindre du frein est contrôlé
par le tiroir 38, elle sert au desserrage du frein, tandis que la soupape
48 donne accès de l'air du réservoir auxiliaire dans le cylindre
du frein.

Le piston 40 commande le tiroir 38 ainsi que le tiroir 48 dans de telles
conditions que l'échappement de l'air soit fermé avant que le tiroir 48
ne soit ouvert. En sens inverse, le tiroir 48 se ferme avant que le tiroir
38 ne soit entraîné par les butées disposées à cet effet sur la tige
du piston.

L'air venant de la conduite générale passe dans le cylindre A et de là
au travers des orifices B et C dans le vide D, et continuant son chemin
il arrive par E au réservoir auxiliaire.

Si la pression vient à baisser dans la conduite, le piston 41 se déplace
coupant d'abord le passage de l'air de la conduite générale dans le réservoir auxiliaire, ensuite il ferme l'échappement 38 et ouvre le tiroir 48

qui admet l'air dans le cylindre du frein, proportionnellement à l'abaissement de la pression dans la conduite générale.

Si cette dépression est faible, la pression du réservoir est rapidement tombée au-dessous de celle de la conduite et le piston 40 revient en arrière fermant le tiroir 48, mais laissant en place le tiroir 38 qui est au reste maintenu contre tout entraînement accidentel par la pression de l'air et par un ressort 9, qui s'oppose au retour en arrière du piston quand le tiroir 48 est fermé.

A une nouvelle dépression, correspond une nouvelle phase semblable à celle que nous venons de décrire.

Mais si au lieu d'une dépression de 5 à 600 grammes par centimètre carré, on se trouve en présence d'une dépression de 2 kilogrammes dans la pression initiale, la valve 48 reste ouverte et le frein agit avec toute sa pression, c'est-à-dire avec toute la pression de l'air dans le réservoir auxiliaire lorsque l'équilibre de pression s'est établi entre le réservoir et le cylindre du frein. Une augmentation de pression dans la conduite détermine le retour de tous les tiroirs dans leur position primitive et, l'air peut pénétrer dans le réservoir auxiliaire pour le recharger : l'eau provenant de l'humidité de l'air est collectée dans la chambre G d'où on peut l'enlever facilement au moyen du purgeur 13.

Pour les véhicules on emploie une triple valve à action rapide (pl. 19), à l'action de la valve que nous venons de décrire, on ajoute dans ce serrage rapide, la pression de l'air de la conduite qui aide à élever rapidement la pression dans le cylindre du frein.

Le mécanisme additionnel qui ne fonctionne qu'en cas de serrage très rapide, se compose de trois pièces mobiles, une soupape 20 réglant le passage de l'air dans la conduite générale dans le cylindre du frein, un piston 13 qui est relié à la soupape 20, une soupape de retenue 21 destinée à empêcher l'air du réservoir de s'échapper dans la conduite.

La face supérieure du piston 13 est soumise à la pression du réservoir par l'orifice H et à la pression de la conduite sur sa face inférieure par K. La soupape 20 est maintenue sur son siège par un ressort 16 et surtout par la pression de l'air de la conduite générale. Pour ouvrir la soupape 20 il faut que la pression de la conduite s'abaisse jusqu'à ce que la somme des pressions sur la soupape 20 et le piston 13 soit inférieure à la pression que l'air du réservoir exerce sur le piston 13. Une rapide dépression de 1 kilogramme dans la pression de la conduite, détermine la descente du piston 13 et lève la soupape 20, permettant à l'air de la conduite de passer par 21 pour aller dans le cylindre du frein, accélérant ainsi la dépression de la conduite qui doit de proche en proche déterminer le serrage des freins. Les freins sous cette action agissent avec plus de force que cela n'aurait lieu avec l'air contenu seulement dans le cylindre auxiliaire. La valve 21 est fermée dès que la pression du cylindre du frein est égale à celle de la conduite générale, et, à partir de ce moment l'augmentation du serrage n'est plus produite que par l'air contenu dans le frein auxiliaire.

Le desserrage des freins est obtenu en rétablissant la pression dans la conduite, le piston 13 se lève et permet au ressort d'appliquer la soupape 20 sur son siège avant que le piston 40 ait assez de force pour surmonter la résistance du tiroir 38 et la repousse dans la position de l'évacuation de l'air du cylindre de frein et détermine, par suite, le desserrage.

Le régulateur automatique de la pompe de compression mérite une courte description, il est réglé de manière à arrêter la pompe dès que la pression de l'eau atteint 5 k. 1/2 et la remet en marche dès que cette pression baisse (pl. 21-22).

Si nous nous reportons à la figure, nous voyons que la soupape 5 est ouverte par la vapeur pendant qu'elle est fermée par l'air agissant sur le piston 4. Quand la pression a atteint la limite fixée, l'action de la pression est réglée par le diaphragme 13 et le ressort 10. Lorsque la pression sous le diaphragme dépasse la résistance que lui apporte le ressort 10, la soupape 14 s'ouvre et laisse arriver l'air de la conduite sur le piston 4 qui descend et ferme l'admission de vapeur 5. Si au contraire la pression baisse dans la conduite, la soupape 14 est refermée par le ressort 10 et l'air enfermé au-dessus du piston 14 s'échappant naturellement par les fuites de la garniture, la vapeur ouvre de nouveau la valve, un orifice est percé vers le piston 4 de manière à laisser échapper l'air ou la vapeur provenant des fuites. Le réglage de l'appareil se fait au moyen du ressort 10 qu'on peut charger ou décharger au moyen d'un écrou et d'une tige filetée.

Tels sont les principaux détails de ce frein qui fait une concurrence assez active aux freins Westinghouse. Nous en donnons des plans de montage sur les machines, les tenders et les voitures (pl. 22, 23, 24 et 25). Nous ne parlerons pas de ce dernier qui avait cependant une très belle exposition, mais les appareils de ce frein sont si connus et si répandus qu'on ne pourrait guère dire autre chose que cette exposition était très soignée et très en rapport avec l'extension prise par ce système.

Divers autres freins étaient exposés, mais ils ne présentaient point de particularités intéressantes.

Wagons à marchandises

Les wagons à marchandise sont tous sur trucks (fig. 36, 37, 38, 39), la tendance générale est d'accroître leur capacité; actuellement on construit les wagons de manière à porter 30 tonnes avec une tare de 13 tonnes pour les wagons couverts. La proportion des wagons couverts est au reste très considérable et on voit, des transports de bois, de houille, de rails, etc., se faire par wagons couverts. Les américains arguent en faveur du maintien de cette situation l'étendue du réseau des États-Unis qui fait qu'il est indispensable d'avoir un modèle à peu près unique, car la dissémination du matériel arriverait rapidement à modifier profondément les proportions des différents types dans certaines régions. L'emploi des bâches est impossible, leur répartition, leur rentrée à leur Compagnie ne se ferait jamais, enfin les froids rigoureux de l'hiver obligent à mettre en wagon fermé beaucoup de marchandise qui, en Europe sous un climat plus doux et avec des trajets moins longs peuvent s'effectuer en wagons découverts. Il en résulte une gêne très grande pour bien des chargements. Comme nous l'avons dit, si les trucks sont toujours, au moins en grande partie métallique, les corps des wagons sont en bois, nous n'avons vu qu'un petit nombre de châssis métalliques, et encore à titre d'essais timides, la tôle emboutie de Fox semble devoir entrer dans la construction des châssis des trucks.

Les wagons spéciaux sont aussi assez nombreux : wagons à bestiaux, wagons-glacières, wagons chauffés pour le transport des fruits en hiver. Les wagons-citernes sont également employés en grand nombre pour le transport des pétroles; le corps cylindrique de la citerne contribue par sa rigidité à consolider le châssis auquel il est solidement relié.

Avant d'aborder la description de certains de ces types, nous croyons devoir faire une observation, il ne serait pas exacte de dire que les wagons en Amérique sont construits en bois, à proprement parler il s'agit d'une construction mixte, car toutes les pièces sont renforcés par des tirants en fer reposant sur des sabots en fonte, ainsi le sommier transversal qui porte le pivot, et qui supporte en somme le poids de la moitié du véhicule et de son chargement, est bien constitué par une poutre en bois de 0,30/0,30, mais elle est traversée par deux tirants en fer qui pasent en plein bois et sont taraudés à chaque entrémité, des écrous reposant sur des sabots en fonte permettent de les mettre en tension.

C'est grâce à l'emploi judicieux de ce système qu'on a pu arriver à construire un matériel pouvant supporter des chargements considérables sous que le poids mort soit exagéré.

Nous commencerons toutefois par donner la description des véhicules à châssis métalliques exposés, car nous pensons que cette tentative sera poursuivie, à mesure que la métallurgie se développera d'une part, aux États-Unis, et que de l'autre les bois seront plus difficiles à approvisionner.

Ces véhicules à châssis métalliques étaient exposés par le constructeur Fox, dont les procédés sont exploités aux États-Unis, et par les « Harvey Steel Car Works », Harvey, Illinois. Un truck pour wagon à marchandises était également exposé par « the American Steel Bolsters Cᵒ », de Saint-Louis.

Dans le système Fox, l'emploi des cornières est absolument proscrit pour l'assemblage des châssis, même pour les angles. Ce constructeur proclame qu'il est impossible d'avoir une construction solide en employant le métal dans ces conditions, à moins d'employer des excédents de poids très fâcheux quand il s'agit d'un matériel roulant (pl. 26, 27 et 28).

Aussi tous ses éléments sont-ils en tôle d'acier emboutie à chaud. Un assemblage d'angle est obtenu en rivant l'une sur l'autre les extrémités mêmes des pièces convenablement embouties.

Toutes les pièces de ce genre de construction sont absolument identiques et on arrive à une régularité de construction parfaite.

Les assemblages sont beaucoup plus simples et plus précis. Il est inutile d'appliquer les glissières ou les plaques de garde par rivetage ; la pièce est complète et venue d'un seul coup par emboutissage.

Il est certain qu'en dehors de l'outillage, qui doit être considérable, nous ne pensons pas qu'il y ait une construction plus satisfaisante que celle-là. L'économie de poids est très grande ; elle est de 25 % en la comparant à la construction métallique ordinaire.

Les dessins que nous donnons indiquent bien le système.

Deux types de boggies sont représentés ; l'un avec suspension sur quatre ressorts indépendants (pl. 27), le second avec support de pivot reposant sur des ressorts à boudin (pl. 26). Un troisième truck à voiture à double suspension est également donné (pl. 28, fig. 63 et 66).

Le matériel exposé par les « Harvey Steel Car Works » se rapproche bien plus de la construction courante américaine, mais avec la substitution du métal au bois (pl. 28).

Le châssis se compose de deux fers en **I** venant reporter la charge sur le pivot central. Des fers à **I** complètent le châssis. Le fer à **I** formant brancard est doublé d'une fourrure en bois qui sert à la fixation du frisage de la paroi (fig. 69 et 70). La caisse est également formée par des membrures mi-métal et mi-bois.

Autant le châssis nous paraît logique, autant nous ne comprenons pas cette membrure mixte. Il eût été plus simple d'adopter ou une superstructure entièrement en bois ou adopter une carcasse métallique avec remplissage de frises en bois.

Le truck se présente bien (fig. 73 et 74). Cependant nous ne saurions approuver les deux fers à **I** qui supportent le pivot ; il était préférable, à notre avis, de les remplacer par un fer à **U** renversé et renforcé sur ses ailes par deux tôles découpées en solide de plus grande résistance. On aurait ainsi gagné de la hauteur pour les ressorts. Quoi qu'il en soit, la tentative est intéressante.

Le truck construit par l' « American Steel Bolsters Cᵒ » a été étudié par M. Schœffer, chef du service du matériel roulant au « Missouri Pacific » (pl. 26).

Nous donnons une vue du châssis de ce truck, qui nous paraît fort bien étudié. Nous ajouterons qu'il est construit en acier doux et que tous les éléments qui le constituent sont, ou emboutis, ou cintrés au gabarit à chaud ; il en résulte que la fabrication est réduite à un minimum de main-d'œuvre.

Avant de quitter ce côté si intéressant du développement de l'emploi du métal, nous signalons des types de pièces en acier embouti dont l'emploi devient de plus en plus général dans la construction des wagons et des voitures. Les planches que nous donnons sont assez claires pour se passer de commentaires. L'usine Schoen, de Pittsburg, Pensylvania, s'est fait une spécialité de cette fabrication (pl. 28 et 30).

Dans l'exposition allemande il y avait également des échantillons intéressants d'acier embouti pour pièces de wagons.

Nous donnons (pl. 31-32) un type de caisse de wagon de 30 tonnes de chargement, qui représente le matériel actuellement en service sur

les lignes américaines. La construction en est très substantielle ; aussi
le poids atteint 15 tonnes à vide. L'attelage est du système Jeanny
automatique.

Ce wagon appartient au « Cleveland, Cincinnati and Saint-Louis Railroad ».

Nous donnons également les dessins d'un wagon plate-forme pesant
11 tonnes à vide et pouvant recevoir 30 tonnes de chargement. Ce wagon est destiné au transport des bois, et le châssis a été renforcé excep-
tionnellement, car le chargement inscrit est largement dépassé en général. Ce wagon a environ 13 mètres de longueur de plate-forme (pl. 34).

Les madriers formant le châssis sont renforcés par un double système
de tirants en fer de 25 et 30 millimètres de diamètre. Le wagon sort des
ateliers de la Canda Cattle car de Chicago.

Les mêmes ateliers de construction de Canda exposaient deux modèles
de wagons à bestiaux dont nous donnons des dessins planches 31, 32 et 33.

Ces wagons possèdent à l'intérieur des mangeoires basculantes et
qu'on peut remplir d'eau au moyen d'une conduite qui communique
avec un réservoir placé sur le pavillon du wagon ; ce réservoir peut être
rempli aux grues d'alimentation réparties sur la ligne pour le service
des locomotives.

Le toit est disposé de manière à pouvoir s'ouvrir pour aérer l'intérieur
du wagon. Un râtelier est également disposé à l'intérieur du wagon.

Le wagon peut être séparé en deux par une cloison transversale; cette
cloison articulée est formée de frises de chêne guidées dans des rainures. On peut la monter ou la baisser au moyen d'un volant à main.

La caisse a été contreventée avec beaucoup de soin ; les râteliers eux-
mêmes, qui sont fixes, servent à l'entretoisement de la carcasse ; des
trappes mobiles dans la toiture servent à garnir les râteliers de foin.

Nous donnons également des vues de la caisse d'un autre wagon à
bestiaux exposé par le même atelier. Ce wagon est plus simple que le
précédent : les râteliers sont mobiles, et, à l'extérieur, en cours de route,
les montants qui les supportent sont relevés autour de la charnière inférieure, qui les relie au brancard, et rentrent ainsi dans le gabarit. En
stationnement, les râteliers s'ouvrent et sont garnis ; l'inconvénient est
que la nourriture ne peut être consommée par les animaux que pendant
les arrêts, et que le fourrage est exposé à la pluie et à la neige. Les
mangeoires font aussi saillie et sont relevés en marche. Les vues perspec-
tives donnent les dispositions des châssis et de la caisse (pl. 35-36).

Wagons à volaille
(Planche 37)

La Société du transport de la volaille vivante de Chicago exposait un wagon assez intéressant ; le châssis et les trucks étaient du type courant, mais la caisse, de $2^m,800$ de largeur sur 11 mètres de longueur, était formée de montants verticaux convenablement contreventés et entourés d'un grillage ; un couloir central donnait accès entre deux rangées de plusieurs étages de casiers destinés à recevoir la volaille. Ces casiers sont au nombre de 96 et ont 0,90 de côté et 33 centimètres de hauteur.

On voit que l'aération est bien assurée par ces parois grillagées. Un réservoir d'eau, est placé dans chaque compartiment et alimenté automatiquement par un réservoir central. Un coffre, placé sous le châssis, permet d'emporter de la nourriture pour les animaux.

Wagons à fruits
(Planche 38)

« The Cincinnati New-Orléans and Pacific Railroad » exposait un wagon servant au transport des fruits. La capacité du wagon est de 30 tonnes. Les précautions les plus complètes ont été prises pour assurer une bonne ventilation essentielle à la bonne conservation des fruits, tout en empêchant les vols de se produire. Les ventilateurs établis sur le pavillon dans le plancher, et aux extrémités, sont garnis de grilles et de persiennes.

Wagons glacières

Les wagons glacières sont très répandus aux États-Unis, où les viandes sont expédiées à de très grandes distances. Beaucoup d'autres produits, craignant également la chaleur, sont expédiés en wagons réfrigérants.

Un des modèles des plus répandus, puisqu'il y en a plus de 8 000 actuellement en service, était celui qui avait été exposé par la « Wicks refrigerator car C° de Chicago » (pl. 39-40).

Le froid est produit par de la glace emmagasinée dans des bacs en tôle galvanisée (fig. 133) ; les parois de ces bacs sont formées de lames de fer qui dépassent de 50 centimètres, de manière à augmenter la surface de refroidissement. En dessous des bacs se trouvent des fonds en bois, au travers desquels l'eau de fusion passe, et va se collecter dans un conduit, d'où elle est déversée à l'extérieur.

Sur le passage de l'air, on a disposé des fils de fer galvanisé formant une sorte de filet ; ce fil de fer est destiné à recevoir l'eau de condensation, provenant de l'air froid surchargé d'humidité après avoir passé sur les objets exposés au refroidissement. Les caisses, contenant les matières à conserver, sont séparées par des bacs à glace : les cloisons des caisses s'arrêtent à 1^m,60 du plancher et du plafond ; la partie libre supérieure est garnie d'un réseau de fils métalliques galvanisés, tandis qu'une lame de tôle descend à 25 centimètres du plancher.

Les bacs à glace sont garnis, de l'extérieur, par des ouvertures pratiquées dans le toit; quand la température est assez basse pour ne pas nécessiter l'emploi de la glace, et que le service ne demande que de l'éclairage, le couvercle du bac à glace est laissé ouvert, et on met à la place un châssis de toile métallique.

Lorsque les bacs sont garnis de glace, l'air passe sur cette glace, s'engage sous la cloison, se chauffe et se charge d'humidité au contact des objets en dépôt, gagne la partie supérieure, traverse le réseau supérieur des fils métalliques et vient à nouveau traverser la glace, dans le passage au travers du réseau de fils, il se refroidit et abandonne l'humidité dont il s'est chargé au dépend du chargement.

L'eau coulant au travers du grillage de bois se divise au contact du réseau de fil placé au-dessous, et la pluie de gouttes qui en résulte contribue à purifier l'air des gaz qu'il peut avoir entrainés.

Nous donnons également le dessin d'un wagon par construit « the american refrigerator transit Company, Saint-Louis » (pl. 41-42).

Si le froid est nécessaire pour la conservation des viandes et des légumes en été, il faut au contraire préserver ces derniers pendant l'hiver. Un trafic considérable se fait tout l'hiver entre la Californie ou les États du Sud, et le centre l'Est ou le Nord des États-Unis, pour le transport de fruits frais et de légumes qui entrent pour une très grande proportion dans l'alimentation ; on a peu à peu pris l'habitude de consommer ces aliments en toute saison grâce au moyen de transports si bien étudiés et si bien mis en pratique journalière sur les lignes américaines.

Pour les wagons de l'Estman car C° (Chicago et Boston) pl. 43-44. La capacité de chargement des wagons est de 25 tonnes. Un système d'aérage est disposé de manière à assurer une ventilation régulière au moyen de ventilateurs placés sur le toit en sens inverse de manière à ce qu'il y en ait toujours un dans le sens de la marche du train.

Les parois du wagon sont doubles et un espace vide de 7 centimètres est laissé entre les deux parois.

Un calorifère à pétrole, à réglage automatique est disposé sous le wagon et distribue la chaleur dans l'intervalle des deux parois avant de pénétrer dans la caisse à la partie supérieure.

Les parois sont elles-mêmes doublées de manière à comprendre entre elles une mince lame d'air clos qui forme couche protectrice contre le froid. Ces wagons qui servent aussi bien en été comme wagons à ventilation spéciale, ou comme wagons chauffés l'hiver sont maintenant d'un emploi de plus en plus fréquent, ils s'appliquent aussi au transport des fleurs pendant la saison d'hiver. Une température de six à huit degrés est maintenue dans l'intérieur du compartiment.

Enfin, nous terminerons cette description sommaire en parlant des deux wagons à canons exposés par le Pensylvania.

Wagons à canons
(Planche 45)

Ces wagons sont composés : le premier de quatre trucks à quatre essieux, le constructeur s'est évidemment inspiré du matériel de l'artillerie française dû au commandant Péchot, mais la répartition uniforme des charges sur les essieux ne nous semble pas assurée avec autant de perfection dans le matériel du Pensylvania que dans le matériel Péchot.

En effet, la répartition des charges dans chaque truck est due uniquement à des balanciers latéraux, mais qu'une dénivellation se produise entre les deux files de rails, à l'entrée en devers d'une courbe par exemple aucune disposition n'est prise pour éviter la surcharge qu'éprouvera la rangée de roues qui sera plus élevée que les autres, la flexibilité des ressorts empêchera seule la torsion du châssis portant sur les deux trucks.

L'empatement total dans le plus puissant de ces deux wagons atteint 24 mètres, l'empatement dans chaque truck est de $3^m,880$, le véhicule est indiqué comme pouvant franchir en toute sûreté des courbes de 300 mètres, les essieux médians n'ont pas de boudins.

On n'a pas cru pouvoir s'affranchir de châssis inférieurs et atteler les trucks comme dans le matériel français, un pont réunit les deux groupes de deux trucks et vient supporter le canon, nous croyons qu'on aurait pu, en le supprimant, éviter 20 tonnes, poids de ce tablier métallique. La puissance du wagon étant de 135 tonnes, elle eut été portée à 155 tonnes.

La construction de ce wagon était très soignée et entièrement faite en tôle d'acier à chaudières, ces wagons avaient servi à transporter les canons de 120 et de 62 tonnes exposés par la maison Krupp, d'Essen.

On peut donc dire que, d'une manière générale la tendance est d'accroître la capacité des wagons, que cet accroissement a motivé l'emploi de plus en plus grand du métal, soit dans les trucks, soit comme renforcement des châssis et des caisses, et que déjà il y a un premier mouvement qui se dessine en faveur des châssis métalliques, mais que des raisons économiques s'opposeront encore longtemps à l'abandon du bois. Nous signalerons l'emploi de plus en plus général d'attelages automatiques et des freins continus à air. Les roues sont encore en fonte et les Américains ne paraissent pas saisir l'économie qu'ils auraient à employer des bandages en acier.

Nous ferons encore remarquer l'avantage que présente les grandes dimensions des wagons Américains qui permettent d'installer dans chaque cas spécial un appareil réfrigérant ou un réchauffeur sans que le prix de l'installation rapporté au cube ou au poids soit aussi élevé que lorsqu'on veut le faire sur les véhicules à deux essieux usités en France.

Nous terminerons, en ce qui regarde le matériel à marchandises en faisant remarquer que les constructeurs européens qui voudront construire du matériel sur trucks devront se rapprocher plus des types de Fox ou d'Harvey que des types réellement Américains. En Europe les principes qui président à la construction des wagons sur boggies sont peu étudiés et on arrive à produire des wagons en général absurdes par leur rigidité et par leur poids mort. Ce matériel est le plus souvent d'un poids tel qu'on n'hésite pas à lui préférer le matériel rigide malgré tous ses défauts, c'est en somme le motif qui a empêché le développement d'un système qui eut été approprié à tant de lignes d'Europe et des colonies.

Nous ne saurions trop le répéter, jamais les États-Unis n'auraient pu posséder un aussi admirable réseau, origine de tout cet immense déve-loppement industriel s'ils n'avaient franchement rompu dès l'origine avec le matériel anglais pour adopter le matériel le mieux approprié à toutes les lignes de chemins de fer, s'accommodant même de voies plus que médiocres et construite avec la plus stricte économie.

Si les États-Unis avaient compris la question des chemins de fer comme elle l'a été en Europe, non seulement ils n'auraient pu développer leur réseau comme ils l'ont fait, mais la nation eut vite succombé sous les charges que les Compagnies et les États Européens ne peuvent supporter sans fléchir. Les États-Unis ne sauraient donc être trop reconnaissants pour l'homme ou les hommes qui ont su dès l'origine aiguiller dans la vraie direction, l'étude et la construction du matériel roulant.

Voitures à voyageurs

Les voitures à voyageurs sont toutes construites sur le même principe ; l'absence de châssis et son remplacement par la construction spéciale de la caisse qui travaille comme une poutre armée reposant sur deux appuis. Toute la partie inférieure de la caisse, en dessous des baies des fenêtres, est occupée par un système de pièces en bois formant solide de plus grande résistance; le brancard qui travaille à l'extension est en pitchpin, il est assemblé dans le milieu, car les longueurs atteignent 20 et 22 mètres; les pièces travaillant à la compression sont également en pitchpin, quelquefois en chêne blanc; enfin, le système est consolidé encore par le battant de pavillon qui court dans toute la longueur et est solidement relié au brancard par les pièces cornières qui ont un équarrissage considérable, et par les montants des baies qui sont en frêne; les parois ont une épaisseur très grande, le mode de construction oblige à lui donner de 15 à 17 centimètres, mais cette épaisseur est très favorable au maintien de la régularité de la température dans l'intérieur de la caisse (pl. 46 et suivantes).

Les parties creuses, à l'intérieur de la paroi, sont divisées en une infinité de petites cellules au moyen de planchettes collées et consolidées par de la toile forte également collée. Au reste, tous les assemblages, aussi bien faits qu'ils soient, sont tous et toujours collés, il en résulte une rigidité et une conservation des assemblages bien supérieures à ce qu'on obtient avec l'assemblage ordinaire soit avec chevilles, soit avec vis. On objecte, en Europe, à l'emploi de la colle, qu'elle rend le démontage pour les réparations plus difficile. Les Américains répondent à cela que le démontage n'est pas l'état normal d'une voiture, que son état normal est d'être en service, et que si la colle doit augmenter la durée de ce service, on doit l'employer. Dans tous les cas, les résultats sont très intéressants. La poutre ainsi constituée est contreventée latéralement par les deux extrémités et dans toute la longueur

par les courbes de pavillon; ces courbes, brisées par le lanterneau,
doivent être renforcées par des pièces de fer; une des dispositions les
plus satisfaisantes, à notreavis, est l'emploi d'un fer à T, dont le T est
tourné vers la partie supérieure, les deux angles étant garnis de courbes
en bois. Nous n'avons pas vu de tirants entretoisant les deux lisses
sur lesquelles le lanterneau vient s'appuyer; cette consolidation très
logique serait d'autant plus naturelle que la grande hauteur des voitures américaines en rendrait l'usage absolument sans inconvénient.

Ce n'est guère, au reste, que dans les wagons de première classe
que la caisse se trouve ainsi sans entretoisement dans toute sa longueur, car dans les sleepings, les dining cars, etc., il y a toujours des
cloisons supplémentaires, soit pour les cabinets de toilette, le fumoir,
les compartiments isolés, les cuisines, etc.

La caisse ainsi établie est renforcée à sa partie inférieure par des
tirants placés directement au-dessous de la paroi; les pièces longitu-
dinales du châssis, placées sous le plancher et s'étendant dans toute la
longueur de la caisse, sont aussi renforcées par des tirants.

Le métal est employé largement pour compléter les assemblages,
sous forme de cornières, tirants, harpons, renforts d'angles, etc., etc.;
la tôle d'acier emboutie reçoit des applications variées.

Les plates-formes sont toujours rapportées, elles sont également en
bois, elles n'interviennent pas dans l'attelage qui est fait par l'intermédiaire du châssis lui-même.

L'extérieur des caisses est toujours recouvert en frises de peupliers
parfaitement jointives, mastiquées et poncées avant l'application de la
peinture et du vernis. Les toitures sont, soit en tôle mince, soit en
cuivre, soit en toile imperméable; les pavillons sont toujours doubles.

L'intérieur des voitures est presque toujours revêtu de bois naturel
plus ou moins travaillé, plus ou moins rare, suivant que le wagon est
destiné au service de banlieue, de grande ligne de sleeping ou de
wagon de luxe. Les bois employés sont le chêne blanc, l'érable, l'acajou, le bois des îles et, depuis ces dernières années, un bois très riche et
très décoratif, appelé « vermillon », à fond sombre veiné de rouge vif.

Les moulures et les ornements ne sont jamais rapportés, mais au
contraire, tirés du plein bois, soit par mouturage, soit avec des machines
à sculpter, soit avec des machines à gauffrer. Ces deux dernières machines sont des plus intéressantes, elles permettent à un bas prix inouï
de décorer de sculptures et de rondes bosses les plus riches, les parois

des voitures et enlever l'aspect morne et rigide que donne l'emploi des baguettes raccordées à angle droit qui sont la base de l'ornementation des voitures en France; nous en reparlerons plus loin en donnant quelques détails sur l'organisation du travail dans les ateliers.

Les voitures de banlieue sont plus simples que celles des grandes lignes, elles sont garnies intérieurement en chêne blanc et les sièges sont en rotin avec ressorts, le plancher n'a point de tapis, les fenêtres n'ont point de stores, mais des persiennes à lames minces en bois, il n'y a qu'une classe, un wagon fourgon à une extrémité est réservé pour les fumeurs.

Dans les voitures, le chauffage est très généralement fait par un simple poêle, cependant les Elevated de New-York et certaines Compagnies commencent à adopter des systèmes un peu moins rudimentaires; le Mahanattan a adopté récemment le chauffage par la vapeur empruntée à la locomotive.

Les trucks sont à quatre ou à six roues; les premiers se trouvent sous les voitures de première classe et sous les voitures de banlieue, les seconds sont d'un emploi absolument général sous les véhicules de luxe, dining, sleeping, cars, etc. La construction en est toujours la même, la charge est reportée sur le dessus des boîtes par deux sommiers en fer forgé; ces sommiers supportent le châssis par l'intermédiaire de ressorts à boudins. Le châssis glisse librement sur les boîtes. Des jumelles inclinées attachées à ce châssis viennent supporter une pièce transversale, qui elle même reçoit la charge du sommier supportant le pivot par l'intermédiaire de ressorts à pincette. Le truck peut donc non seulement pivoter sous la caisse mais aussi se déplacer latéralement dans une certaine mesure, par suite de la mobilité des jumelles.

Le châssis est en bois en général armé de tôle d'acier, les longerons mixtes sont très employés, ils sont formés d'une pièce de bois prise entre deux tôles de 8 à 10 millimètres; les plaques de garde qui forment glissières sont en fonte, le sommier de charge en fer, le sommier de support du pivot en bois armé de tôle, les boîtes sont en fonte ou quelquefois en acier estampé. Les roues sont en fonte pour les voitures de banlieue ou de première classe et à centre en papier, en bois, en acier coulé, etc., pour les voitures de luxe.

Il y a de ce côté des tâtonnements inexplicables si on songe que les Américains n'auraient qu'à imiter ce qui se fait en Europe. Toutes ces roues sont très inférieures aux roues en fer ou en acier adoptées en général sur les lignes d'Europe.

Lorsque le truck est à six roues, la construction ne change pas. Mais les sommiers du pivot au lieu de recevoir la charge sont accouplés et viennent porter un sommier central qui, lui, porte le pivot. (Pl. 50-61 et 64).

Les entre-axes varient de 1^m,50 à 3^m,20 pour un truck à six roues.

La pratique a montré que le truck à six roues était indispensable si on voulait obtenir un roulement parfait, et nous devons dire qu'on y est arrivé même sur les voies médiocres des Etats-Unis. L'allure de ces grandes voitures pesant 45 tonnes et roulant sur deux trucks à six roues est absolument parfaite, et bien différente à celle que nous sommes habitués à rencontrer en Europe, même dans les voitures à boggies à deux essieux.

La question des attelages (Pl. 66-67) a fait de grands progrès depuis ces dernières années, partout, l'attelage à maille a été abandonné pour le matériel à voyageurs. Après l'attelage Millers sont venus les attelages Jeanny, Drexel, Acme, Gould, etc., tous fondés sur le même principe, laisser l'attelage libre en hauteur, de manière à ce que si un centre d'attelage est plus haut dans un véhicule que dans un autre, l'attelage n'en fonctionne pas moins, l'attelage est automatique et peut se défaire du dehors des caisses, enfin les tampons doivent être normalement en contact avec un léger serrage initial de manière à ce qu'il n'y ait pas de jeu entre eux.

La tête de l'attelage proprement dit contient une pièce basculant autour d'un axe vertical, cette pièce peut ou tourner autour de cet axe, ou être bloquée par un système de buttée pouvant se manœuvrer de la plateforme, deux tampons à ressort, conjugués sur un balancier, sont placés très près et un peu au-dessus de l'attelage, souvent ces tampons n'ont qu'une tête, les tiges étant articulées à chaque extrémité de cette tête. Lorsqu'on vient à pousser deux voitures l'une contre l'autre, les tampons se compriment et les pièces basculantes pivotant autour des axes, s'engagent l'une dans l'autre. Elles ne peuvent se dégager, et par suite l'attelage se défaire, que si la buttée de l'un des attelages est retirée, une des mâchoires s'ouvre et l'autre peut tourner librement, lorsqu'on veut manœuvrer sans atteler, il suffit de fermer les deux mâchoires, ou de tenir l'une des buttées soulevées.

Cet attelage sous quelque forme de détails qu'il se présente est excellent, il est logiquement et pratiquement bien supérieur à l'attelage à crochet et à double tampon, il supprime le mouvement de lacet tout en laissant une grande souplesse au train. Il a permis comme nous le dirons plus loin de munir les voitures de plate-forme à soufflets ou à glissières sans présenter tous les inconvénients que nous rencontrons en Europe. On peut séjourner dans les plates-formes Pullman, Gould, Kriehbel, Drexel, etc., sans plus de gêne que dans le corps même de la voiture. (Pl. 49-51-53-54).

Cette opération d'attelage à double tampon qui rend l'intercommunication par plate-forme vestibulée si difficile, est certainement celle qui empêche le développement en Europe d'un dispositif si commode et si agréable pour les voyageurs. Nous donnons à titre de comparaison une planche représentant le matériel restaurant du Middland (Angleterre). (Pl. 71).

L'installation des wagons-poste est très remarquable, nous signalerons des tables pouvant se rabattre, et permettant le classement des lettres avec une facilité merveilleuse, ces grands wagons de 20 mètres de longueur sont au reste bien plus commodes à installer que nos petits wagons-poste, quel que soit l'allongement qu'on leur donne avec les allèges. L'administration des Postes aurait certainement beaucoup à prendre en faisant suivre par un de ses agents, un wagon-poste entre New-York et Pittsburg ou entre New-York et Baltimore. Les fourgons-poste sont munis d'une quantité d'appareils tous plus ingénieux les uns que les autres.

Nous donnons des dessins du modèle adopté sur le « Michigan Southern Railroad. »

Pullman avait également exposé un wagon-poste très remarquable et possédant tous les derniers perfectionnements.

Avant d'aborder la description des voitures de luxe, nous parlerons d'un système de chauffage et d'éclairage employé avec succès sur le « Saint-Paul Chicago and Milwaukee Railroad. » (Pl. 68 et 69).

Depuis 1889, cette Compagnie poursuit l'étude de l'éclairage électrique des voitures et du chauffage par la circulation de vapeur, l'éclairage électrique était à l'origine obtenu avec des accumulateurs.

Tous ces essais avaient abouti à un échec dû à ce qu'on était obligé de confier le service des accumulateurs et des lampes à des employés peu familiarisés avec ces appareils et peu disposés à accepter un surcroit de travail.

Les trains qu'il importait le plus d'éclairer à la lumière électrique étaient les trains destinés à faire de très longs parcours et par consé-

quent des trains dont la composition ne varie pas. On a été conduit à
considérer ces trains comme une installation électrique ordinaire, et à
alimenter la canalisation électrique par un courant direct venant d'une
dynamo. Cette disposition qu'on retrouvait sur les limited de Pullman
entre New-York et Chicago consistait en l'installation d'une machine à
grande vitesse Brotherood ou Willans, attaquant directement une dynamo, la vapeur venait de la locomotive par une conduite flexible.
L'échappement se faisait à l'air libre ou pouvait être utilisé pour le chauffage du train, mais il fallait encore une batterie d'accumulateurs pour
ne pas interrompre l'éclairage pendant les changements de machines.

Enfin, pendant les grands froids de l'hiver, les mécaniciens déclaraient
ne plus pouvoir maintenir leur vitesse par suite de la dépense de vapeur
qui, avec un train de 10 voitures pesant 360 à 400 tonnes pouvait atteindre tant pour le chauffage que pour l'éclairage 15 % de la production
totale de la chaudière.

A la suite de ces constatations, les ingénieurs du « Chicago Saint-Paul
Milwaukee » ont mis en service un tender électrique chargé en même
temps du chauffage du train.

C'est en somme une véritable usine centrale électrique comprenant
une chaudière, et une machine à vapeur à moyenne vitesse commandant
une dynamo par une courroie. Le wagon a 10 mètres de longueur et pèse
30 tonnes y compris 1 mètre cube d'eau et trois tonnes de combustible.

Certainement le poids du wagon augmente la résistance du train et
par suite le travail demandé à la locomotive, mais pas en proportion de
ce qu'on lui enlevait de puissance en prenant la vapeur de sa chaudière.

Normalement l'eau d'alimentation vient du tender de la locomotive,
le réservoir du tender électrique n'est là qu'en cas d'accident.

La chaudière est du type locomotive avec cendrier garni d'eau, la machine est une Westinghouse automatique pouvant donner 18 chevaux
de force à 7 kilogrammes de pression ; la machine commande une dynamo de 15 kilowatts type Edison, la vapeur de l'échappement de la
machine peut être soit envoyée dans la cheminée pour accélérer le tirage, soit à l'air libre.

Les conduites de vapeur ont 50 millimètres de diamètre, elles partent
de la chaudière pour aller fournir la vapeur destinée au chauffage du
train.

Un homme suffit à la conduite de la chaudière, de la machine et assurer tout le service de chauffage et d'éclairage. Tel qu'il est le wagon

peut assurer dans d'excellentes conditions et par 35° au-dessous de zéro le chauffage de 10 voitures de 45 tonnes et le courant nécessaire pour alimenter 250 lampes.

En été, la dynamo et la machine motrice sont retirées du wagon et placées dans le fourgon du train, la vapeur est fournie par la locomotive, qui n'ayant pas à fournir au chauffage et se trouvant dans des conditions plus favorables pour la traction, peut donner la vapeur nécessaire à l'éclairage. L'homme chargé de la conduite de la dynamo et de la machine reste attaché au train mais n'ayant pas la conduite de la chaudière, il est tenu de donner la main au conducteur pour le service des bagages.

Nous donnons le diagramme de la distribution ainsi que le dessin du commutateur qui permet d'assembler la canalisation de deux voitures lors de leur accouplement.

Les lampes pour les couchettes sont à signaler, elles sont enfermées dans une sorte de boîte dont nous donnons le dessin, une lampe dessert deux cabines, la partie inférieure de la boîte peut se relever comme une visière de casque, lorsque les deux visières sont abaissées, le circuit est coupé et la lampe s'éteint. La dépense d'une pareille installation se décompose ainsi pour l'éclairage.

Installation dans un fourgon à bagage comprenant :

Machine, dynamo, canalisation, etc., etc.	6.600 fr.
Par sleeping car	1.224
Par voiture ordinaire	835
Par wagon-salon	1.555

La conduite et l'entretien font revenir l'éclairage d'une voiture à 32 centimes par heure (voiture à 60 places).

Nous donnons également une série de dessins de sièges basculants de fauteuils, etc., qui donneront une idée très juste des installations intérieures des wagons employés au service des voyageurs en Amérique. Ces sièges se comprennent d'eux-mêmes par à la simple inspection du dessin, disons toutefois que les garnitures intérieures faites en lame d'acier sont très agréables. Nous signalerons, le rotin tressé formant une sorte de natte très serrée tissée à la demande du siège, de manière à éviter de replier la natte ou de la couper, ces sièges de rotin reposant sur des ressorts constituent le plus agréable des sièges pour les voitures d'été ou destinées aux pays chauds.

Nous pensons devoir sortir du cadre de l'exposition pour donner quelques indications sur le travail dans les ateliers et sur les procédés employés si pratiques et si bien appropriés à une production énorme et économique en même temps.

Les ateliers sont nombreux et il serait très difficile de faire un choix mais on peut citer les ateliers de Pullman, à Chicago, et ses annexes, de Buffalo et de Saint-Louis, les ateliers de Wagner à Buffalo, de Détroit, si bien placés pour l'approvisionnement des bois, de Wilmington etc., comme des modèles du genre.

Ces ateliers couvrent des surfaces immenses comprenant fonderie, forge, menuiserie, etc., tout se fait dans ces gigantesques ateliers, et ils donnent lieu à des organisations urbaines remarquables comme Pullman City.

Mais nous sortirions trop de notre cadre en abordant l'étude des installations économiques et sociales des grands ateliers américains, et bien que la question ouvrière se trouve intimement liée à la production nous devons laisser de côté ce point de vue pour nous maintenir sur le terrain technique.

Revenant à l'installation des ateliers, nous signalerons en premier lieu l'emploi des étuves qui servent à sécher les bois.

Ces étuves, d'un emploi général, aussi bien pour les bois destinés aux wagons que pour ceux qui doivent être employés dans la construction des voitures, sont de bien des types : The Dry Kiln, de Chicago, the Common sens Dry Kiln, l'Alban Kiln, etc., etc. Mais une des plus simples et des plus efficaces est celle qui a été adoptée dans les ateliers de Pullman (Illinois).

Ces étuves se composent de grandes chambres en maçonnerie ayant 4 mètres sur 4 mètres de section et 15 mètres de longueur. Ces chambres ouvertes aux deux bouts sont placées les unes à côté des autres, elles reposent sur une fondation surélevée, de manière à ce que leur sole soit un peu au-dessous des planchers des wagons qui servent à apporter le bois.

Ces fondations sont utilisées pour loger les carneaux qui servent au passage de l'air chaud. Un de ces carneaux vient déboucher dans le plancher près de la porte d'entrée, un autre a son orifice près de la porte de sortie. Les portes sont doubles et en tôle. Une d'elles sert à introduire les wagons très bas qui portent les bois à sécher, l'autre à les sortir.

Les carneaux, qui débouchent à l'avant de l'étuve, communiquent avec le fond vertical d'une grande caisse en tôle ouverte à l'air libre par devant. Cette caisse, qui a 2 mètres de largeur sur 2 mètres de profondeur et 3 mètres de hauteur, est garnie de tubes de 50 millimètres de diamètre placés à 25 millimètres les uns des autres. Ces tubes sont traversés par un courant de vapeur à 8 atmosphères; le carneau le plus éloigné est mis en communication avec un ventilateur aspirant. L'air extérieur ne peut pénétrer dans l'étuve qu'après s'être échauffé au contact des tubes, il se charge d'humidité en passant sur les bois et est expulsé au dehors par le ventilateur. (fig. 75 et 76.)

La température varie de 55 à 95 degrés, suivant la nature des bois, la durée d'exposition de cinq jours à six semaines et même plus.

Certains ateliers ont de 3 à 4000 mètres cubes de bois en séchage à la fois. Après étuvage, si le bois n'est pas aussitôt employé, ce qui a lieu le plus souvent, il est toujours abrité de la pluie et de l'humidité; les bois d'ébénisterie sont toujours maintenus dans un local très sec.

Dans les ateliers où le bois est travaillé, on ne voit jamais ni sciure, ni copeaux, ni même déchets, tout est aussitôt aspiré par des ventilateurs et transporté dans des tubes en tôle parcourus par un courant d'air violent jusqu'à une très grande distance. A Buffalo où la sciure des usines est sans emploi, on la transporte à de très grandes distances au moyen de tubes mobiles qui sont déplacés dès que l'endroit à remblayer est comble. Dans certaines usines, on injecte la sciure de bois mélangée d'air dans les foyers des chaudières; on obtient ainsi une combustion complète et facile de la sciure. C'est un emploi qu'on ne saurait trop recommander, car il fournit de la vapeur économique et sans modification coûteuse des foyers.

Nous signalerons aussi l'admirable séparation des ateliers, chacun exécutant son travail sans s'occuper de l'atelier voisin, toutes les pièces sont exécutées sur des gabarits d'une exactitude parfaite, et la même précision est exigée pour les pièces de bois que pour le métal dans les pièces mécaniques les plus soignées. Les bois travaillés, destinés à des cloisons, des portes, des lits, etc., etc., arrivent séparément à l'atelier de montage qui les assemble, sans aucune retouche, tels qu'ils sortent de la machine, et avec une exactitude merveilleuse. C'est cette précision qui est admirable et qu'on ne saurait trop admirer, car elle est la base de la construction économique.

Cette précision fait que le travail non seulement peut s'exécuter en répétition à bas prix, mais qu'il devient possible d'obtenir des constructions durables sans exagérer les équarrissages, ou les consolidations,

comme on le fait trop souvent ailleurs. Après dix ans, la menuiserie
d'une voiture est aussi belle que le premier jour de sa mise en service.
Le soin dans la construction ne coûtant pas plus cher, au contraire,
les voitures de tramway sont aussi soignées que les voitures de luxe
des Compagnies.

Comme nous l'avons dit, le travail est partout organisé de la manière
la plus parfaite ; les ateliers sont séparés et exécutent des pièces détachées, suivant des gabarits, sans jamais s'occuper de l'assemblage,
même partiel des pièces.

Pour les voitures, un atelier de grosse charpente prépare toutes les
pièces entrant dans la composition de la voiture; les pièces, entièrement
et exclusivement travaillées à la machine, sont envoyées au montage,
qui monte les caisses sans retouche.

L'atelier d'ébénisterie, de son côté, fait les couchettes, les portes, les
fenêtres, les meubles, les pièces de garnitures en bois, etc.; ces pièces,
toujours détachées, passent à l'atelier de finissage des wagons, et elles
sont mises en place par des monteurs spéciaux. Enfin, les tapissiers
viennent finir la voiture.

La partie la plus intéressante est celle qui se rapporte à la fabrication,
et au travail des machines-outils. Les machines employées sont en général
de types récents; on ne cherche pas, dans les ateliers américains, à ménager les machines pour les faire durer plus longtemps; on préfère leur
faire produire tout ce qu'elles peuvent, et les remplacer par des modèles
plus modernes dès qu'elles sont usées.

Une autre caractéristique des machines-outils américaines, c'est la rapidité de marche : la vitesse est sensiblement double des nôtres ; une
raboteuse sur les quatre faces produit facilement 20 mètres courants
dans le pichpin.

L'emploi du bois pour le châssis a forcé à construire des machines
très puissantes : on rabote sur les quatre faces des pièces de 50/40 d'é-
quarrissage.

La machine à dégauchir à plateau n'est pas employée; en effet, elle
ne travaille que sur une face, et cela n'est pas assez rapide pour l'Amérique. Le sciage donne toujours une surface de base suffisante. Si une
pièce rabotée sur les quatre faces doit porter, soit un pan coupé, soit
une rainure, etc., ce travail est toujours fait en même temps que le ra-
botage. Les machines portent à cet effet des outils mobiles, qui peuvent
être disposés de manière à produire le travail demandé. On évite ainsi

toute nouvelle manutention de la pièce qui reçoit sur la même machine, toutes les opérations de même nature et en même temps.

Les rabots sont du type que nous employons en France, mais l'affûtage des lames est toujours fait à la machine, et avec une précision absolue; les porte-lames sont à deux, trois et quatre lames. Les outils, destinés à travailler les faces verticales, sont en porte-à-faux, tant que les épaisseurs ne dépassent pas 50 millimètres.

Les raboteuses de différents types, depuis la machine à quatre et à six outils, jusqu'à la raboteuse à table, à main, se trouvent en très grand nombre dans les ateliers, chaque type correspondant à un travail spécial. Ce sont les montages imaginés dans chaque atelier, par les contremaîtres, les ouvriers eux-mêmes, qui sont surtout intéressants : chaque cas particulier reçoit une solution souvent des plus ingénieuses, et les directeurs encouragent tous les essais d'amélioration dans les montages. Nous avons pu voir des raboteuses ordinaires, travaillant avec grand avantage comme toupies, simplement grâce au changement des lames, qui venaient défoncer des rainures, ou des encastrements profonds, avec moins de fatigue qu'une toupie travaillant en porte-à-faux. Nous signalerons aussi certains montages très simples permettent de raboter courbe.

Au reste, c'est à l'initiative de ceux qui se servent de l'outil, qu'on laisse le soin de perfectionner chaque jour le moyen d'augmenter la production. Poussé par l'espoir de réaliser un bénéfice en produisant plus, et, par l'émulation, l'ouvrier ou le contre-maître, l'esprit toujours tendu sur un genre de travail spécial, arrivent à des solutions en général simples et avantageuses. Un résultat immédiat, facile à constater, c'est qu'on a pu supprimer complètement le rabot à main dans la construction américaine.

Les toupies, bien qu'employées, ne sont pas autant en faveur qu'en France; on trouve que, ne travaillant que sur une face, elles ne produisent pas assez; on leur préfère des machines à moulures qui font en même temps plusieurs opérations; puis, autant que possible, en Amérique, on ne rapporte pas de moulures, on les fait en plein bois, économisant en main-d'œuvre la dépense provenant de la matière première. La construction n'en est que plus solide.

Les machines à moulures ont l'avantage d'avoir des bâtis plus lourds, plus solides, et de pouvoir débiter plus de travail que les toupies.

Là encore on ne demande pas à une machine de produire toutes les moulures d'un atelier, chaque atelier possède, au contraire, une série de ces machines qui ont des attributions très distinctes et font toujours le même travail.

Les outils des machines à moulures, soit qu'il s'agisse des feuillures, mouchettes, etc., diffèrent beaucoup des nôtres, on ne voit pas se servir de lames plates comme dans nos toupies, les fers sont en général cintrés, ils sont fixés au porte-outil par une aile, et on leur donne de la coupe en faisant tourner l'outil autour de son centre au fur et à mesure de l'usure. Ces outils excellents durent très longtemps, ils coupent le bois au lieu de l'arracher et permettent de doubler la vitesse de passage des bois.

Nous donnons une série de dessins de ces outils qu'il serait difficile de faire comprendre par une simple description.

Là encore, c'est une affaire de méthode, dès qu'on a adopté l'outil coupant, on est conduit à adopter une série d'outils basés sur ce principe.

Les machines à mortaiser sont d'une façon très générale des machines à ciseau et à mouvement alternatif, même pour des mortaises de très petites dimensions; il y a des mortaises à mèches, mais elles ne sont pas d'un emploi aussi général, en effet, pour les grandes pièces, il faut déplacer la pièce dans le sens horizontal devant l'outil, ce qui est peu commode, puis l'ouvrier voit moins bien ce qu'il fait, le montage est donc plus long, enfin il faut finir les extrémités des mortaises qui sont restées rondes, l'outil à choc fait gagner un peu de temps, il est donc préféré; ces outils donnent environ 4 à 500 coupes à la minute, nous avons vu des mortaises de châssis de glace exécutées de cette manière.

Un outil nouveau commence à se faire jour surtout pour les gros travaux, charpentes, châssis, etc. C'est une mortaiseuse dont la tête se déplace non seulement en avant pour défoncer la mortaise, mais automatiquement se recule pour se déplacer de son épaisseur dans le sens horizontal et venir défoncer un second trou et ainsi de suite jusqu'à ce que des taquets l'arrêtent automatiquement quand la mortaise est finie. L'outil tournant est une mèche héliçoïdale, à point central, tournant à l'intérieur d'un outil carré fixe, le taillant de la mèche vient affleurer la face avant de l'outil carré qui est légèrement convexe. La mortaise produite par cet outil est parfaitement rectangulaire et a pour hauteur celle de l'outil non tournant. C'est un outil assez nouveau et dans la période d'essai pratique.

Les machines à faire les tenons diffèrent des nôtres surtout par les outils et les dispositions.

Elles se composent de deux arbres horizontaux tournant à des distances variables, mais toujours dans le même plan vertical, et portant, en porte-à-faux des plateaux laissant entre eux l'épaisseur du tenon.

Les outils sont formés de fers semblables, soit à des rabots, pour les tenons longs, soit à des fers à moulures, dont nous avons déjà parlé, si les tenons sont courts, mais le plateau porte toujours en avant de chaque fer, un fer taillé en scie qui vient au préalable trancher le fil du bois de manière à avoir une section bien nette.

C'est une disposition qui se retrouve aussi bien pour les petits tenons que pour les grands, au reste, avec tout outil coupant en travers, il y a un outil spécial coupant le fil du bois et ne faisant que cette partie de l'opération.

Lorsqu'il s'agit de faire les frises tenonnées à chaque extrémité ou rainurées en travers et d'une manière régulière, deux machines à tenonner sont mises en face l'une de l'autre, l'une est fixe, l'autre peut se rapprocher ou s'éloigner, une sorte de chaîne Gall, munie de taquets se déroule devant chaque machine, les deux chaînes marchant à la même vitesse, l'ouvrier n'a plus qu'à placer devant chaque taquet des chaînes une frise pour que le travail se fasse rapidement et économiquement.

Nous n'avons pas encore parlé des scies. C'est que sous ce rapport, les Américains sont, à notre avis, un peu en retard, ils ont conservé la scie circulaire, on en trouve partout, de toutes les dimensions, avec dents fines, avec dents amovibles, scie fixe, scie mobile, etc., ils ne semblent pas se préoccuper de la perte de bois qui résulte de son emploi ni de la force motrice nécessaire; ils prétendent que le montage du bois est plus facile, le travail plus rapide et que cette scie donne une économie de main-d'œuvre. La scie à ruban est peu employée, et seulement pour les petits travaux de menuiserie et d'ébénisterie. Nous n'avons pas vu de scies à ruban à plusieurs lames. Cependant nous avons vu des scies à lames et mouvement alternatif pour des débits en frises minces, mais c'est l'exception.

Enfin, viennent les machines à comprimer et à sculpter le bois ; ces machines sont tout à fait remarquables, et leur emploi est de nature à apporter une révolution profonde dans la construction des voitures à voyageurs.

Les sculptures ainsi produites coûtent le même prix qu'une simple moulure, sont d'un effet artistique remarquable, et un constructeur intelligent peut livrer des voitures décorées avec le goût le plus pur au même prix qu'il livre les voitures ordinaires.

Les machines sont de deux sortes; les machines à sculpter et les machines à comprimer. Les premières découpent le bois, et sont disposées de manière à reproduire de 4 à 6 pièces pareilles à la fois.

Les outils sont en forme de petits crochets et varient, comme diamètre, de 5 millimètres à 1^{mm},1/2. Ils sont animés d'une vitesse de rotation de 2 à 3 000 tours ; tous ces outils sont montés sur des cadres articulés et sont disposés de manière à se déplacer de la même manière, en restant verticaux; l'un des outils est remplacé par un style de *même grosseur*, au-dessous de ce style, on place une plaque portant la sculpture à reproduire, l'ouvrier saisissant le style le promène sur toute la surface qu'il a devant lui, en commençant par le plus gros style et les outils correspondant, puis il recommence avec un jeu plus petit, jusqu'à ce qu'il arrive au plus bas numéro.

En un temps très court, les sculptures les plus délicates sont finies, sans qu'aucune retouche ne soit nécessaire. Nous avons vu faire ainsi des têtes de chimères, des envolées d'amours, de fleurs, etc., etc.

La pièce primitive est soit un moulage en plâtre durci, soit une pièce en bois travaillée avec la même machine. Dans ce cas un ouvrier sculpteur travaille d'après un dessin, mais c'est l'exception, car en général, ou on se sert de surmoulages.

Les machines sont disposées soit avec les outils placés au-dessous d'une table, soit pour gagner de la place, les uns au-dessous des autres. Le prix de ces machines est peu élevé, 1 800 francs environ, suivant le modèle.

Les machines de la seconde catégorie opèrent par compression, elles sont surtout destinées à faire des frises décoratives ou un dessin se trouve répété un grand nombre de fois, etc., etc.

Elles consistent soit en un galet, soit en un cylindre en bronze portant en creux le motif à reproduire ; cette pièce est chauffée par une flamme de gaz, réglée, soit à la main, pour les petites machines, soit automatiquement pour les grandes, des rouleaux entraîneurs poussent les bandes ou les feuilles de bois sous le galet ou le cylindre. Dans les petites machines, c'est le galet qui est animé d'un mouvement de rotation et entraîne le bois.

Le bois est comprimé fortement par le cylindre chauffé et le dessin se trouve reproduit avec une parfaite finesse et sans modification de la couleur du bois, ces moulures sont indélibiles, car même en plongeant le bois dans l'eau pendant un certain temps, aucune modification dans les creux ne se produit.

On voit à quel bas prix de semblables pièces ouvrées peuvent revenir.

Certaines de ces machines sont disposées de manière à ce que le cylindre travaille sur deux faces diamétralement opposées, le rendement est alors doublé.

Enfin, nous citerons les machines à percer, en général à forets multiples, à outils horizontaux ou verticaux.

Certains de ces outils sont fort ingénieux, la pièce repose sur une table et on peut la présenter sous chaque outil et percer les trous de diamètre différent; les têtes d'outils sont généralement à relèvement par pédale.

Parmi les machines spéciales, nous citerons les machines à fabriquer les persiennes qui sont d'un usage général dans les voitures, ces persiennes sont en bois très mince et l'assemblage de lames dans le châssis est assez délicat; le mortaisage est fait d'une manière automatique, le modèle construit par la Rouley and Hermance company de Willamport nous paru très bien compris.

Il serait difficile de suivre pas à pas la construction des wagons à marchandise, disons seulement que le montage se fait sans aucune retouche.

On donne à une équipe de 4 hommes travaillant à la tâche 1 dollard, soit 5 francs pour monter un truck de wagon à marchandise de la force de 30 tonnes; ils reçoivent toutes les pièces détachées, essieux, boîtes, bâti, etc., etc., en plus 1/2 dollar, soit 2 fr. 50 pour le montage du frein sur chaque truck et sous la caisse.

Le montage complet d'un wagon haut bord à hausses fixes, compris pose des ferrures et mise en place sur les trucks, coûte 11 dollars, 55 francs; le montage complet d'une caisse de wagon couvert y compris pose des serrures, portes, etc., et mise en place sur les boggies, en un mot, prêt à passer à la peinture, coûte 16 dollars, ou 90 francs ; les équipes sont de 8 hommes et on compte que leur journée ressort entre 2 dol., 5 et 3 dollars, c'est-à-dire entre 12 fr. 50 et 15 francs.

CHAPITRE V

MATÉRIEL DE LUXE

Il existe sur les lignes américaines trois sortes de provenance de voitures de luxe. Les Pullman, les Wagner, et celles qui appartiennent aux Compagnies, et il semble que cette dernière classe tende à se développer, au moins pour les days-cars.

Pullman et Wagner construisent eux mêmes leurs voitures, les compagnies au moins pour la presque totalité, font construire leur matérie par l'industrie privée.

Les voitures de luxe sont les sleeping cars, les days cars et les dining cars, comme division générale, mais avec des types assez variés de disposition, il y a le smoking car, le club car, le buffet car, etc. Avant de commencer l'étude de ces différents cars, je crois qu'il est bon de donner quelques explications sur le vestibule car, autour duquel on a fait tant de bruit.

Le vestibule car doit sa notoriété à deux causes, l'agrément de pouvoir passer d'un wagon dans un autre sans être exposé au froid, à la poussière, à la pluie, et ensuite à ce qu'il n'existe qu'à la condition de faire partie d'un train de voitures de même nature, c'est-à-dire de luxe, ce qui était rarement le cas autrefois, les voitures de luxe circulant isolées dans les trains ; en somme, c'est absolument la différence qui existe entre le Sud Express par exemple en France, et la voiture lits isolée dans un train ordinaire. Mais en Amérique, l'apparition du vestibule car a coïncidé avec la formation de ces trains de luxe dont il était la conséquence, et ce modèle de voiture a bénéficié, grâce à cette circonstance, de toute les faveurs qui revenaient en réalité à l'ensemble.

Les premiers vestibules ressemblaient tout à fait aux vestibules de la Société internationale des wagons lits, mais depuis, ils ont été singulièrement améliorés et la tendance est en ce moment, à donner aux plates-formes la même largeur qu'aux caisses elles-mêmes de manière à augmenter considérablement la place libre, et par conséquent l'agrément des voyageurs.

Un grand nombre de modèles basés sur le principe du tamponnement sur le soufflet, ont été présentés et appliqués, mais ils peuvent tous se classer en deux grandes divisions :

1° La première comprend les vestibules faisant partie des voitures et dans lesquels l'articulation se fait entre les deux vestibules ;

2° La seconde dont il n'y avait qu'un exemple à l'Exposition, et que nous n'avons pas retrouvé ailleurs, comprend les vestibules rigides, articulés à leur extrémité avec les voitures, dont cependant ils font partie. Nous reviendrons longuement sur ce dernier dispositif qui nous a semblé des plus intéressants.

Dans la première classe nous trouvons les voitures de Pullman, de Wagner, les voitures des Compagnies, etc., etc.

Toutes sont basées sur le même principe, le soufflet en toile caoutchoutée est terminé par une plaque de fer de 15 à 18 millimètres d'épaisseur qui vient faire application sur la plaque semblable de l'autre voiture. Cette plaque est fixée à la partie inférieure du soufflet au tampon de la voiture, et à sa partie supérieure elle s'appuie sur les extrémités de deux tiges horizontales placées derrière chaque angle. Ces tiges sont poussées par des ressorts à boudins, et sont articulées dans le plan horizontal par un balancier, cet ensemble de dispositions permet à l'accouplement de prendre toutes les positions possibles sans fatiguer les crochets qui fixent les deux plaques de jonction ensemble.

L'attelage proprement dit peut différer. Il a fallu, en effet, approprier cette disposition aux attelages existants sur certaines Compagnies : les Pullman appartenant à la Compagnie ont eux-mêmes différents attelages, mais dans les limited et les derniers wagons, l'attelage est du système Jeanny Buhops.

Avec cette disposition, la fermeture des soufflets est absolument complète, le passage d'un car à l'autre est des plus faciles, car le couvre-joint n'est point libre et *entre* les plates-formes, mais bien *entre* la *plate-forme* de chaque car et la plaque d'attelage de son soufflet, ce couvre joint n'a donc pas besoin d'être cintré et d'avoir de charnières.

Un tapis recouvre le tout et de part et d'autre du passage on suspend de petits rideaux de velours qui empêchent les vêtements de se salir au contact du soufflet qui peut avoir reçu de la poussière ou de la fumée lorsqu'il lui arrive d'être attelé en queue.

En somme, tous les vestibules en service sont basés sur les données que nous venons d'énoncer, c'est-à-dire faire participer le cadre rigide du soufflet du mouvement du tampon de choc à sa partie inférieure en le soutenant et le guidant à sa partie supérieure par des tiges poussées par des ressorts.

Nous ajouterons que la disposition est excellente et fonctionne parfaitement. Nous croyons devoir ouvrir ici une parenthèse: Peut-il en être de même avec l'attelage à crochet de traction et double tampon? Nous n'oserions l'affirmer, car pour notre part, nous attribuerons en partie la bonne allure de ces vestibules à l'impossibilité dans laquelle se trouvent les cars d'avoir un mouvement de lacet à la hauteur de l'attelage; en effet, avec l'attelage à double tampon, usité en Europe, les tampons peuvent glisser l'un sur l'autre dans le plan horizontal. ce qui ne peut arriver avec l'attelage central usité en Amérique, avec lequel le train est composé d'une série d'éléments rigides pouvant tourner autour d'une charnière verticale parfaitement définie, placée entre chaque car.

Ensuite, les courses de choc et traction sont bien plus limitées que dans le matériel Européen, les machines sont très puissantes et démarrent les trains tout d'un bloc; nous n'avons pas mesuré dans les démarrages ou les arrêts brusques plus de 60 millimètres d'allongement au soufflet de tête.

L'attelage est fait avec un serrage constant, les attelages étant automatiques.

Il y avait à l'Exposition un nouveau modèle de vestibule non encore appliqué en grand qui a pour but d'éviter l'emploi du soufflet, c'est le système Barr, dont la patente est exploitée par « The Drexel Railway Supply Cᵒ » à Chicago (pl. 32).

Dans ce vestibule ce sont les parois avant, formées par des panneaux rigides, qui peuvent se fermer sur elles-mêmes, les charnières sont recouvertes intérieurement d'un couvre-joint en caoutchouc recouvert lui-même en étoffe. Le but de cette disposition est d'obtenir une plate-forme donnant moins facilement passage au froid et à la poussière. Cet appareil mérite d'être étudié de près, car s'il fonctionne bien, et résiste à l'usage; il présenterait de sérieux avantages.

Dans ces vestibules, la largeur de la plate-forme est toujours réduite par les escaliers d'accès, et le passage d'une voiture à l'autre au droit du soufflet est réduit à 0ᵐ,61 environ. Le passage est commode, n'est pas froid en hiver, mais il n'agrandit pas la place libre dans les voitures.

Dans ses dernières voitures, Pullman a introduit une modification, le vestibule a toute la largeur de la caisse, les escaliers sont entaillés dans le plancher et, quand on ferme la porte d'accès, une trappe vient recouvrir le dessus de l'escalier et on dispose alors de toute la surface de la plate-forme, le passage dans le soufflet seul reste réduit à 0,60. On est en droit de se demander combien de temps ces trappes fermeront exactement, et quel sera l'entretien que demandera cette disposition qui laisse la porte sans battant inférieur.

Enfin, Krehbiel a présenté un modèle qui a fonctionné à titre d'essai et qui mérite, à notre avis, l'examen et l'étude la plus sérieuse, et si en service rien ne vient altérer le fonctionnement des différentes pièces qui composent ce vestibule et l'escalier que son emploi nécessite, il est certain que cette plate-forme est ce qu'il y a de mieux.

La plate-forme a la largeur de la caisse, chaque voiture porte sa plate-forme, mais ce qui différencie le système, c'est que l'articulation est faite non pas entre les deux plates-formes mais bien entre chaque plate-forme et la voiture, cela permet d'adopter des dispositifs mieux établis que ceux qui doivent assurer l'accouplement de deux plates-formes différentes.

La plate-forme entièrement rigide, en bois, porte ses escaliers, elle est articulée par des charnières à leviers et des soufflets avec la voiture, mais les deux plates-formes de deux voitures attelées ensemble, sont réunies entre elles sans articulation, on voit que de cette manière le mouvement relatif de chacune d'elles est la moitié de ce qu'il serait s'il n'y en avait qu'une.

On obtient ainsi une pièce parfaitement close de 3 mètres sur 3 m. environ, qui, garnie de chaises forme un fumoir.

Pour monter dans ces voitures, l'inventeur a appliqué un escalier fermant, des plus ingénieux, il se déplie avec une légère poussée du pied, et se referme par l'action d'un ressort tendu pendant l'ouverture de l'escalier.

La plate-forme Krehbiel peut aussi s'appliquer à des escaliers ordinaires, mais alors la plate-forme doit être réduite d'autant.

Comme on le voit toutes ces plates-formes ne comportent que deux portes latérales, il n'y a pas de portes prévues à l'arrière, les voitures devant toutes faire partie d'un train, dans lequel il y a un fourgon de tête et un wagon de queue, ou dining car ou observatory car qui pos-

sède une fermeture à l'arrière, les vestibules sont assez clos pour interdire l'entrée du froid ou de la poussière.

En somme grâce à l'extension des wagons de ce genre, les américains sont arrivés à mettre en service des trains vestibulés certainement
supérieurs aux nôtres, mais, nous le répétons, il faut tenir compte de
plusieurs facteurs, nous en avons déjà donné un : l'attelage central.
Nous ajouterons la grande longueur des voitures et leur masse considérable, l'emploi de trucks à six roues, qui réduisent singulièrement les
mouvements relatifs des véhicules les uns par rapport aux autres ; l'allure
d'une voiture de 25 mètres de longueur roulant sur des boggies à trois
essieux, pesant de 40 à 50 tonnes ne peut être comparée à celle de nos
véhicules actuels, bien que la supériorité de nos voies permette d'espérer
qu'il sera possible de faire aussi bien, malgré la présence de l'attelage à
double tampons, qui gêne pour le soufflet.

Avant d'aborder la description du matériel exposé, nous croyons
devoir attirer l'attention sur une considération générale.

Ce qui rend l'aspect des wagons américains plus confortable que nos
sleeping ou dining cars d'Europe, c'est que les espaces accessoires sont
bien plus vastes, les corridors, lavabos, water-closets, plates-formes
d'accès sont beaucoup plus larges, plus spacieux que les nôtres, aussi
l'impression est-elle toute autre, la propreté s'en ressent, les domestiques
ayant plus de place n'ont plus à utiliser tous les coins pour mettre du
linge, des balais ; l'emploi du chauffage par la vapeur de la machine ou
par un poêle à circulation d'eau chaude et de vapeur, bien enfermé dans
une section spéciale, empêche d'introduire du charbon dans les voitures,
en un mot, l'espace ne manque pas, et on ne sent pas comme en Europe
que la grande préoccupation du constructeur a été de mettre le plus
grand nombre de voyageurs dans le plus petit emplacement possible.

Il faut il est vrai, ajouter que les conditions ne sont pas les mêmes,
les Compagnies en Amérique ne prêtent pas une attention aussi sévère
au poids des trains qu'en Europe ; les locomotives sont beaucoup plus
puissantes et la parcimonie qui a toujours régné en Europe en ce qui
regarde le poids mort par voyageur transporté est inconnue sur les
lignes des Etats-Unis. Les Compagnies aux Etats-Unis favorisent toute
tentative devant apporter plus de confort aux voyageurs, quitte à
avoir un peu plus de poids mort, car ils espèrent attirer ainsi des voyageurs à eux ; ce peu de mots suffit pour montrer combien on est loin
des idées Européennes, la Russie exceptée toutefois.

Le gabarit adopte qui atteint souvent 3ᵐ,20 donne bien de l'aisance et on verra par les renseignements que nous donnerons plus loin quelle place est réservée dans chaque car au service.

Nous ajouterons encore quelques considérations générales sur l'ensemble de dispositions, mais cette fois dans un esprit de critique, tout au moins au point de vue Européen.

Le vrai sleeping car est un dortoir contenant 48 lits, les lits placés dans la longueur de la voiture sont fort larges, 1ᵐ,10 environ, fort bons mais ce dortoir de 48 personnes ou on doit se déshabiller, ou hommes et femmes ne sont point séparés est absolument désagréable, le voyageur est obligé de se dévêtir sur sa couchette et il y a une promiscuité qui ne parait pas gêner les Américains, mais qui serait fort désagréable au moins dans une partie de l'Europe; le matin les voyageurs et voyageuses circulent en vêtements de nuit pour aller faire leur toilette, etc., enfin le cabinet de toilette des hommes très luxueux et fort bien installé, sert en général ou de fumoir, ou de passage public pour traverser le train. Il est vrai que dans les derniers trains de luxe, il y a une tendance absolue à faire disparaître les dortoirs qui ne contiennent plus que 12 à 16 voyageurs, et à multiplier les state rooms, à un, deux, trois lits avec toilette et water-closet, qui sont absolument parfaites, ces state rooms se transforment le jour en de ravissants salons, et on peut la nuit, ou séparer ces chambres, ou laisser une double porte de communication ouverte, lorsque les occupants sont de la même famille. Il est impossible de trouver quelque chose de mieux; d'autant plus que la modération des tarifs des wagons de luxe en Amérique fait que ces appartements sont un luxe moins dispendieux que le lit-toilette des compagnies de France.

Ceci exposé nous pourrons plus rapidement faire comprendre les différentes dispositions des cars.

Sleeping cars

Les sleeping exposés, représentant le matériel le plus récent, proviennent de Wagner, Pullman, Canadian Pacific et Krehbiel; nous réservons ces derniers pour en donner une description spéciale, car ils présentent des caractères très particuliers.

Les voitures de Pullman (pl. 55-56) ont 9' 8'' soit 3 mètres à la ceinture extérieurement des caisses mais non compris les moulures extérieures, la longueur de la caisse est de 60'10" sans compter les vestibules, ce qui donne une longueur totale de 23 mètres, mais qui atteint 25 mètres dans les voitures ou le nombre des state rooms est augmenté.

Le wagon dont nous donnons le plan ne contient que 3 state rooms, mais il y en a également contenant 4 et 6 states, le dortoir central est alors réduit à 16 lits ou même à 12 lits, la hauteur sous le cintre au milieu est de $2^m,88$.

La disposition des lits dans le sens de la longueur a le désavantage d'obliger à donner beaucoup de hauteur aux caisses de manière à conserver assez de place au-dessus des sièges, il en résulte un aspect assez disgracieux ; au point de vue de l'aérage, la partie centrale formant lanterneau est fort bien disposée, les fenêtres de ce lanterneau supérieur sont arrondies et s'abaissent en se rabattant sur leur partie inférieure, l'effet décoratif obtenu par ces fenêtres est très heureux.

Les dessins joints à cette étude indiquent suffisamment la disposition générale pour qu'il ne soit pas nécessaire de répéter les cotes, mais nous allons expliquer comment en sont compris les détails intérieurs.

Tout est en bois sculpté, sauf les sièges, et, grâce aux machines à sculpter, on a pu garnir ainsi toutes les parties apparentes des intérieurs, il en résulte souvent un style un peu lourd mais d'une richesse incontestable ; de plus au point de vue de l'entretien, il y a suppression absolue des étoffes, de lincrusta Walton, etc., il n'y a que du bois verni ; le bois employé est le « vermillon » sorte de bois des îles, qui tient le milieu entre l'acajou, le courbaril et le bois de rose ; dans les state rooms, Pullman s'est livré à une fantaisie d'exposition en les garnissant en étoffe du style des pièces, il y a des pièces style Empire, Louis XIV, Louis XVI etc., avec soies échantillonnées, cela est ravissant mais parfaitement exagéré, on ne retrouve pas ce luxe non justifié sur les trains en service.

Mais si on fait abstraction de ces exagérations il n'en reste pas moins des dispositions très intéressantes, et un luxe relatif qui grâce à l'emploi du bois travaillé à la mécanique ne correspond pas aux dépenses d'entretien auxquelles donnent lieu les autres garnitures.

Les cabinets de toilette sont garnis intérieurement de carreaux en céramique vernie de Doulton ; le plancher est également en céramique, mais non vernie, les tables de toilette sont toutes en onyx d'Algérie ou du Mexique, tout est disposé de manière à pouvoir se nettoyer très facilement, les water-closets dont doublés de la même manière; les sièges sont du type Doulton à réservoir de chasse. Nous avons été étonnés de voir qu'à part le soin apporté dans l'établissement de ces cabinets, il n'y a rien de nouveau pour combattre l'odeur, nous savons bien qu'en Amérique le personnel des wagons-lits est très soigneux, mais il nous semble qu'il serait préférable d'adopter des intérieurs de water-closets *d'une seule pièce*, en porcelaine, comprenant, les parois jusqu'à 0,10 de hauteur, le plancher, l'appareil, le tout avec des formes arrondies permettant le lavage facile et parfait du cabinet qui trop souvent sent mauvais en Europe et aussi en Amérique.

La distribution d'eau est très bien faite et les réservoirs d'eau froide sont mis à l'abri des poussières par des toiles métalliques en sorte que l'eau est en général très propre.

L'étoffe du garnissage est en velours de Gênes épinglé ; nous avons remarqué que ce velours, en général marron ou vieux vert dure longtemps; quand il est défraichi, on démonte les sièges et l'étoffe est passée à la teinture dans les Ateliers de Pullman ; il revient de cette opération absolument neuf. Ces étoffes viennent en grande partie de France. L'éclairage des voitures est fait par des lampes à incandescence; de petites lampes mobiles peuvent être installées à l'intérieur des sections, au-dessus de la tête de chaque couchette de manière à permettre au voyageur de lire au lit, alors même que les lampes de la voiture sont éteintes; l'éclairage est assuré par une dynamo placée dans le fourgon, la dynamo est mise en mouvement par une machine Brotherood, qui reçoit la vapeur de la machine; des accumulateurs sont également placés dans le fourgon pour parer à un arrêt de la machine.

Le chauffage est assuré par des appareils de la « Consolidated Heating Car C° » d'Albany avec chaudière placée dans la voiture.

Nous sommes étonnés de voir que dans un matériel aussi luxueux, dépassant même ce qui est nécessaire, rien n'ait été tenté pour obtenir une aération suffisante; on en est encore à l'aération par les fenêtres, c'est-à-dire l'introduction en été d'air chaud, de fumée et de poussière, qui, malgré les écrans mobiles en toile métallique, font que les voyages sont très pénibles. Cette poussière, cette fumée rendent l'entretien des voitures très dispendieux. Il semble qu'il y aurait un avantage marqué, tant au point de vue du matériel qu'à celui des voyageurs, d'opérer l'aération des voitures au moyen d'une petite machine à air froid, dont la commande serait prise sur un des essieux; si on y réfléchit bien il n'est pas plus étonnant de distribuer en wagons clos de l'air froid l'été, que de l'air chaud l'hiver, et si on songe combien la chaleur et la poussière sont pénibles en été, période pendant laquelle on voyage surtout en Europe, la perspective de faire un voyage sans souffrir de la chaleur, serait une attraction très grande qui augmenterait la clientèle des wagons de luxe.

La caisse, construite suivant le système Américain, c'est-à-dire en se servant de la paroi comme de châssis est comme dans toutes les voitures d'Amérique recouverte de frises de peuplier du pays et peinte en vert olive très foncé, il ne nous a pas semblé que cette peinture fût d'une durée supérieure à celle qui est faite dans les mêmes conditions en France, elle est supérieure comme durée, cela va sans dire à la peinture sur tôle.

Les trucks sont à six roues comme tous ceux des sleeping cars, des dining cars en Amérique. Le truck à 4 roues ne se fait plus que pour les voitures ordinaires et même pour ces voitures, beaucoup de compagnies ont adopté le truck à six roues.

Les planches de l'atlas donnent les détails de ces trucks, les rues sont du type Allen à centre en papier, qui sont loin de donner satisfaction, elles sont fort coûteuses et demandent beaucoup d'entretien sans présenter d'avantage; si on les emploie, c'est parce que les roues en fer forgé ne sont pas connues aux Etats-Unis et qu'on ne veut pas employer de roues en fonte sous les voitures de luxe.

Avant de quitter cette voiture, nous signalerons l'emploi de corridors courbes qui, contrairement à ce qu'on pourrait croire donnent une circulation très facile, tout en facilitant le placement de bien des objets, l'emploi dans les state rooms de sièges mobiles qui donnent un air très « home », les garnitures sont en général en bronze d'un dessin lourd, mais cela s'explique si on songe que ce sont des pièces brutes de fonte, les tapis des plates-formes et des corridors sont en caoutchouc spongieux en dessous, très résistants et très sourds.

Cette voiture contient 27 lits et pèse 45 tonnes.

Sleeping car à State Room

Nous avons signalé que la tendance était de réduire les dimensions du dortoir central, cette tendance est affirmée dans une voiture exposée

et qui se retrouve dans les limited Pullman, dans cette voiture, il n'y a
pas de dortoir, toute la caisse est occupée par des state rooms,
et c'est à ce titre qu'elle est très intéressante comme comparaison
avec le matériel de la Société internationale des wagons lits; elle
contient dix chambres à coucher à deux lits avec toilette analogue à
celle des yachts, c'est-à-dire se repliant contre l'encognure, et un siège
de W. C. caché normalement par un fauteuil en osier garni d'étoffe.
Sans nous arrêter au luxe exagéré apporté dans le garnissage de ces
compartiments dans le modèle exposé dont chaque compartiment était
garni dans un style différent, il est juste de remarquer que cette voiture
présente le maximum de confort qu'on puisse obtenir sur une ligne de
chemin de fer; la disposition est des plus heureuses, les chambres sont
gaies et attrayantes, elles peuvent ou être complètement séparées par
une cloison mobile, ou être réunies deux deux; elles présentent cet
avantage énorme surtout pour des femmes, c'est que le voyageur peut
s'habiller et faire sa toilette sans sortir de son compartiment, considération qui fait que les lits-toilette, pourtant moins confortables pour
la nuit sont préférés surtout en France par les femmes qui voyagent et
qui répugnent à sortir le matin non coiffées et en vêtement de nuit pour
aller dans un cabinet de toilette petit et peu confortable. L'utilisation
laisse à désirer, cela est vrai, mais le confort est remarquable et bien
supérieur à ce que nous pouvons offrir actuellement en Europe.

La voiture pesant 49 tonnes contient 20 lits, le couloir latéral change
de côté au milieu de la caisse, deux compartiments sont privés de sièges
W. C. pour permettre le changement de côté du couloir. Bien que la
voiture exposée soit garnie intérieurement avec un luxe exagéré, elle ne
diffère guère que par la garniture, des voitures en service sur les limi-
teds, la Société Pullman n'a pas reculé devant la difficulté que peut en-
traîner l'absence d'uniformité dans l'ameublement et la garniture des
compartiments, il en résulte une impression bien plus grande de
« home » que lorsque tous les compartiments sont absolument identiques ; c'est une idée qu'on retrouve dans les hôtels de luxe établis en
Angleterre et aux États-Unis dans ces dernières années, idée qui consiste à rompre avec l'uniformité des tentures, du mobilier, etc; Savoy
Hôtel à Londres en est un exemple, le Waldorff à New-York également.

Nous pensons que de ce côté il y a exagération, les séjours dans les trains
ne sont pas assez longs, tout au moins dans la majorité des cas pour légitimer un luxe pareil, mais il n'en est pas moins intéressant de noter

cette tendance chez les peuples qui gagnent rapidement de l'argent de rechercher le luxe extérieur, celui qui peut se voir, et qui peut flatter leur vanité, le développement des state rooms luxueux est dû certainement en partie à ce sentiment-là.

Parlor car

(Planche 56).

Le wagon salon présenté par Pullman avait sensiblement les mêmes dimensions que le sleeping car, mais il était un peu plus léger et contenait trente-cinq places ; cinq de ces places sont situées dans un compartiment isolé ; il en est de même de six autres places qui peuvent être isolées, mais toutefois en laissant le passage libre pour gagner l'extrémité du car. Ce compartiment est, en général, destiné aux fumeurs.

Les sièges sont ou des fauteuils canapés ou des fauteuils tournants sur pivot fig. 51-52. Le style du car est pur empire acajou et bronze doré, du plus élégant effet ; la voiture a une section très grande, puisqu'on n'a pas été forcé de la réduire en logeant les couchettes refermées dans les angles supérieurs ; les fenêtres ont pu avoir toute la hauteur voulue, $2^m,10$ sont consacrés à chaque extrémité pour les cabinets de toilette, water-closets ; ces derniers sont toujours séparés du cabinet de toilette.

Les parois de ce car présentent une particularité que nous retrouverons dans l'observatory car, entre les grandes fenêtres mobiles se trouvent de petites fenêtres obliques, ce qui permet au voyageur de regarder le paysage sans se pencher, même dans une direction voisine de celle de la marche du train ; la voiture pèse 43 tonnes. A notre avis, c'est une des plus belles présentées par la Société Pullman ; elle est d'une grande richesse, d'un grand luxe, mais il n'y a rien qui ne puisse supporter un long service, c'est du luxe de bon genre et de bon goût.

Observatory car

Ce car est semblable comme caisse au précédent. Il comporte les dispositions intérieures suivantes : seize places de sleeping ordinaires ; les deux cabinets de toilette et water-closets classiques, un compartiment salon avec fauteuils d'angle, etc., au centre deux sièges fixes adossés à un meuble servant de secrétaire ; une plate-forme ouverte de grande dimension munie de sièges pliants permet de voir le paysage en plein air.

La partie correspondant au salon est semblable au parlor car, les fenêtres latérales sont séparées par des fenêtres obliques, mais ces fenêtres obliques sont doubles, c'est-à-dire qu'elles sont obliques dans les deux sens, et permettent de voir vers l'avant et vers l'arrière.

On trouve dans ce car une disposition assez fréquente et très heureuse, ces grands wagons si longs donnent des pièces dont les dimensions sont déjà disproportionnées ; pour améliorer l'aspect, sans mettre des séparations qui donnent lieu alors à des pièces trop petites, les constructeurs coupent la caisse en deux parties inégales par deux colonnes réunies par des motifs décoratifs, puis du haut de ces séparations, pendent de grosses torsades de soie et de laine qui forment stores, à l'instar des stores japonais faits avec de petits morceaux de bambou enfilés avec des perles.

La solution est des plus heureuses ; elle satisfait complètement l'œil.

La décoration de ce car, toujours en bois sculpté à la machine est du style renaissance, acajou et vermillon ; les sièges fixes sont en maroquin olive, et les sièges en osier brun avec coussins, têtières rembourrées et bras garnis en peluche olive ; ces sièges sont très employés dans les parlors cars. Ils sont légers, élastiques par eux-mêmes, et peuvent facilement se remplacer ; l'été, ils sont moins chauds que les autres, puis, n'étant d'aucun style, ils peuvent s'ajouter dans n'importe quelle voiture.

Cette voiture est, comme le parlor car, d'une élégance de bon aloi ; c'est un véhicule princier mais dans lequel il n'y a rien qui ne puisse faire un très bon service ; ce car peut contenir cinquante-trois voyageurs ; en réalité, dans le limited, il ne compte que pour seize places, toutes les places devant avoir un lit, les autres sont des places à la disposition de tous les voyageurs qui désirent voir la voie et le paysage.

Le cabinet de toilette des dames comporte une baignoire munie de robinets à eau froide et à eau chaude.

La baignoire se retrouve également dans une des voitures sleeping du train et dans le smoking and baggage car à côté du barbier, mais sans ce dernier véhicule elle est à l'usage des hommes seulement.

Dining car

(Planche 55)

Le dining car a les mêmes dimensions de caisse que les précédentes voitures, soit 31 mètres de cloison en cloison, un tiers de la longueur, soit 7 mètres, sont consacrés à la cuisine et à l'office.

Cette partie est supérieurement traitée dans les dining américains, la cuisine est spacieuse, munie de tout ce qu'il faut ; le buffet très bien disposé, avec dressoirs, armoires, etc., présente un aspect confortable et appétissant ; il sert de passage quand le wagon est attelé du côté de la cuisine ou intercalé dans un train.

A l'autre extrémité, l'antichambre sert de cave à vin, d'armoire à vaisselle, un motif de décoration masque cette partie ainsi que l'entrée du couloir qui est courbe ; 2 mètres sont consacrés à cette antichambre.

Dans la partie centrale se trouve la salle à manger qui contient dix tables de quatre couverts.

Les sièges sont fixes ; ce dispositif paraît plus commode que les chaises mobiles : il évite qu'un voyageur mal élevé prenne toute la place en molestant le voyageur mieux élevé qui se trouve derrière lui. Il y a peut-être à inscrire à son actif une meilleure utilisation de la place ; nous avons retrouvé cette disposition dans beaucoup de dining cars en Amérique.

L'intérieur du wagon est remarquable de fini et de correction ; tout est en bois sculpté, style renaissance. C'est également le vermillon, ce bois que nous avons déjà signalé qui a servi à toute la décoration.

Dans la cloison, au-dessus de chaque dossier des sièges doubles, se trouve une niche avec décoration en fer forgé qui sert à mettre des vases, des fleurs, ou des ustensiles de table quand le couvert est desservi.

La garniture des sièges est en maroquin, le fer forgé a été très employé dans la décoration de cette voiture, sous forme de grilles au-dessus des colonnes formant séparations entre le buffet et la salle à manger, comme jardinières, etc.

L'éclairage est fait par des lampes électriques rangées au plafond, suivant des courbes de pavillon ; cet éclairage est très brillant et très décoratif.

Smoking and baggage car

(Planche 55).

Le wagon de tête contient un compartiment à bagages qui renferme en outre des petites installations du chef de train, une machine Brotherood attelée à une petite dynamo. La machine reçoit sa vapeur de la locomotive par un accouplement en caoutchouc, un certain nombre d'accumulateurs assure la continuité de l'éclairage lorsqu'à la suite de la séparation de la machine et du train, la prise de vapeur doit être coupée.

Le fourgon est vestibulé même du côté du tender, mais de ce côté c'est une fausse communication destinée à empêcher le froid et les voleurs de pénétrer dans le train.

A la suite du compartiment à bagages qui a 7 mètres de longueur, se trouve le salon de coiffure arrangé à l'américaine avec siège compliqué et tous les ustensiles nécessaires ; une salle de bain spéciale aux hommes est adjointe à la boutique du coiffeur. Bien que ce soit une innovation sur les nouveaux trains mis en service, le coiffeur fait trop partie des habitudes américaines pour ne pas subsister, il existe dans tous les hôtels, les bateaux, etc. Les Américains ne portent pas la barbe et ont les cheveux longs, cela explique l'utilité de ces accessoires; habitué à vivre la plus grande partie de son temps à l'hôtel, l'Américain trouve tout naturel de rencontrer les mêmes avantages dans la vie en chemin de fer.

A la suite de ce compartiment se trouve le compartiment des fumeurs contenant une vingtaine de places, la décoration, bien que plus sobre, est toujours en vermillon; les sièges sont recouverts en maroquin olive.

Les sièges sont mobiles, et, en voyage, le smoking car prend rapidement la tournure d'un smoking Room d'hôtel, les Américains préférant beaucoup se séparer de la société des femmes pour se mettre à leur aise.

Composition d'un train

Les trains limited comportent six véhicules au plus, en général cinq seulement, ils ne contiennent pas de parlor car, leur composition est la suivante :

1 smoking bagage car,

1 sleeping à 27 lits,

2 sleeping à 20 lits,

1 observation car à 16 lits,

1 dining car,

formant 83 places avec lits et dans le jour 20 à 30 places en plus, bien que la règle soit de n'admettre que des voyageurs en nombre égal avec place de nuit, même pour des trajets partiels de jour. Un semblable train pèse, lorsqu'il est composé de cinq voitures, 250 à 300 tonnes, suivant qu'il y a 5 ou 6 véhicules.

Aussi les locomotives employées sont ou des 10 roues, dont six accouplées avec un boggie à l'avant ayant 45 tonnes de poids adhérent, ou des huit roues à deux essieux accouplés portant à eux deux 40 tonnes. Ce sont des machines énormes et d'une puissance bien supérieure à celles qui sont usitées en Europe. Nous les décrivons dans la partie réservée aux locomotives.

On peut dire que ce matériel est parfait, les compartiments séparés sont des plus confortables, il n'y a plus en fait de promiscuité que celle qu'on veut avoir, l'existence journalière n'est modifiée en rien par un voyage dans ces conditions, il n'y a qu'un reproche à faire, c'est l'aérage, qui, comme nous l'avons dit, est encore celui d'une voiture de 3e classe, l'aérage par les fenêtres avec la poussière, les escarbilles, etc.

Disons un mot en passant du service. Sous ce rapport, les trains en Amérique sont très supérieurs aux hôtels; autant le service dans les hôtels est souvent déplorable, autant il est satisfaisant dans les trains; ce sont également des nègres, mais soit l'influence de l'uniforme, soit les traditions qui sont déjà vieilles dans ce matériel de luxe, le fait, est que le service est soigné, discret et rapide; cela est vrai également, mais à un moindre degré dans les dining cars qui cependant ont adopté le système si compliqué d'un grand nombre de plats aux choix pour le prix fixe de 1 dollard (sans boisson), chaque voyageur choisissant tout ce qu'il veut et autant qu'il veut.

La vente des vins et des liqueurs est d'un faible revenu, car la consommation est très faible et bien inférieure à ce qu'on croit généralement en Europe. On reconnaît un étranger lorsqu'on voit quelqu'un prendre une boisson fermentée en voyage ou dans les hôtels. C'est l'eau glacée qui est la boisson universelle. La nourriture est bonne, tout au moins elle est équivalente à celle de bien des hôtels américains, ce n'est pas dire beaucoup ; le personnel des cars est nombreux, il comprend deux agents par voiture et trois quand il y a des femmes de chambre ; on ne peut qu'être étonné de la modicité des tarifs des Pullman cars lorsqu'on voit à quel luxe et à quels frais ce matériel entraîne.

En effet, le supplément de limited, donnant doit à l'usage de ce train et à un lit est de 8 dollars pour un parcours de 1 600 kilomètres non compris les repas au nombre de trois, qui sont à la charge du voyageur.

Dans les trains ordinaires, le supplément par 24 heures pour le sleeping n'est que de 3 dollars et 2 seulement pour une nuit.

Les state room ne coûtent pas beaucoup plus cher par lit, à condition de prendre tous ceux d'un compartiment.

Aussi l'usage des wagons-lits s'est tellement répandu qu'il n'existe pas de train de nuit sans sleeping et qu'on voit des Sociétés comme Pullman avoir 5.000 voitures en service et ce n'est qu'une partie de celles qui roulent sur toutes les lignes.

Avant de quitter les cars Pullman, nous donnerons quelques indications sur la construction et le montage de ces véhicules.

Les ateliers Pullman sont au nombre de trois : Détroit, Pullman et Saint-Louis. Le plus important est celui de Pullman qui occupe 5000 ouvriers.

Les ateliers sont remarquables sous tous les rapports, toute la ville a été construite d'un seul jet et tout y est fort bien installé. Mais nous nous occuperons seulement de certains points de construction sans entrer dans la description de cette usine si intéressante qu'elle soit.

L'usage des châssis métalliques est toujours inconnu aux États-Unis et on reste fidèle à la construction qui transforme le wagon en poutre armée. Il entre à peine quelques tirants en fer dans la coque et cependant il ne se présente pas de dislocation, même après un long service. Nous avons vu démonter le panneau extérieur d'une voiture en service depuis onze ans, ce panneau ayant été brisé dans une prise en écharpe, la carcasse était en parfait état et les assemblages excellents, absolument comme au moment où ils avaient été mis en service. Cela tient certainement à la perfection de la construction entièrement faite par des moyens mécaniques ; l'emploi de colle forte dans tous les assemblages, qui sont chez nous simplement chevillés ou vissés, donne une rigidité exceptionnelle à ces constructions ; tous les espaces libres sont cloisonnés avec de petites planchettes collées qui viennent ajouter à la rigidité des caisses.

Les bois sont étuvés avant d'être utilisés dans des étuves chauffées à 55 et 90° suivant les essences, pendant une durée qui varie de cinq jours à deux mois; les bois ainsi parfaitement secs sont travaillés avec des gabarits, en sorte que les pièces de bois sont absolument interchangeables; le montage devient de la sorte rapide et excellent.

Les planchers sont doubles et garnis de sciure de bois pour éviter le bruit et le froid.

Les carcasses sont en pitchpin, avec une petite quantité de chêne blanc; les courbes, pavillons, montants de portes, de glaces, etc., en frêne; les pieds corniers en chêne blanc; le panneautage en peuplier d'Amérique. C'est un bois plus gros et plus serré de fil que le peuplier d'Europe, étuvé, il ne travaille jamais et reçoit très bien la peinture; les portes, cloisons, les boiseries sont, dans les wagons de luxe et lorsque les bois doivent rester apparents, en acajou ou en vermillon; les sculptures se font en plein bois avec des machines à sculpter ou à gauffrer le bois, donnant des produits absolument satisfaisants. Ces machines viennent de chez « Riaman Manufacturer of curving Machines Milwaukee », et les machines à gauffrer de « l'American Wood Decorating Machines Company, New-York ».

Dans toute cette ébénisterie, le travail est absolument remarquable de précision et de perfection, et grâce également à l'étuvage des bois, rien ne joue même après dix ans de service; le bois, dans ces conditions, quand on sait et veut se donner la peine de le travailler, finit par être d'un emploi très économique, car il a une durée considérable, seulement il faut apporter le plus grand soin dans la perfection du travail.

Dans les parties courbes, le plafond, par exemple, on emploie cinq à six épaisseurs de bois collées les unes sur les autres sur un gabarit de la forme voulue; chaque épaisseur a 2 à 3 millimètres. Ce qu'on ne saurait trop admirer, c'est l'ingéniosité des contre-maîtres et des ouvriers qui, pour chaque travail, ont su imaginer des dispositions toujours très simples, qui permettent de faire à la machine courante, des travaux qu'on croirait réservés au travail à la main.

Trucks

Les trucks formant le roulement de ces voitures sont à six roues ; les
châssis sont en bois de chêne avec armatures en tôle de 10 millimètres
boulonnées de part et d'autre à ces pièces de bois ; les supports du
pivot sont en bois également armé. Ils sont entretoisés par les arcades
en fer forgé qui viennent supporter soit le pivot, soit les glissières latérales des voitures. Les plaques de garde sont en fonte, les boîtes en
fonte, les essieux en fer sans champignons aux fusées. Les boîtes du
système Paget à garniture de déchet de coton, sont loin d'être parfaites;
on peut s'assurer qu'en service elles. perdent beaucoup d'huile.

Les essieux sont en fer forgé, les roues ont $0^m,93$ diamètre et sont du
type Allen; nous avons déjà indiqué qu'on en était peu satisfait, elles
sont chères et il arrive souvent qu'elles ne résistent pas bien à l'action
des freins.

Trains et matériel de la " Wagner Palace Co "
(Planches 46-47)

La compagnie Wagner exposait un train de cinq voitures, reproduc-
tion, sauf plus de luxe dans les étoffes et dans la décoration des plafonds
des trains formant le Flying Chicago du Lake Shore and New-York central and Hudson River.

Ce train se compose de :

1 wagon à bagages, smoking car renfermant le compartiment du barbier et une salle de bain.

1 drawing room car.

2 sleeping cars.

1 dining car.

Dans la composition des trains, le wagon salon est souvent remplacé
par un sleeping car pour augmenter le nombre des voyageurs, il arrive
également de composer le train de six et même de sept voitures quoiqu'on s'efforce pour le flying de ne prendre que cinq à six voitures au
maximum, trois sleeping correspondent comme nous le verrons à moins
de cinquante voyageurs.

L'utilisation de la place est un peu inférieure à celle de Pullman bien
qu'il ne paraisse pas en résulter à première vue plus de confort.

Le smoking contient dix fauteuils en maroquin, forme bureau, très confortables, la décoration est Louis XVI plus ou moins pur, en acajou et bronze doré, les voitures ont 21 mètres de caisse et 24 mètres en tout.

La plate-forme et les attelages sont du système Gould, qui ressemble bien à celui de Pullman; seulement, on n'a pas cherché à donner à la plate-forme toute la largeur de la caisse, c'est le vestibule plate-forme ordinaire des trains américains; les doublages des cabinets de toilette et water-closets, sont les mêmes que dans les trains de Pullman, onyx pour les toilettes, siège Doulton à chasse pour les water-closets.

Drawing room car

Le wagon-salon le plus luxueux du train par la décoration intérieure se compose d'une antichambre, d'un corridor latéral, d'un petit salon isolé à quatre fauteuils, d'un grand salon contenant quinze sièges fauteuils ou causeuses; dans un coin de la grande pièce se trouve un petit boudoir privé pour les dames; ce boudoir qui contient quatre sièges, est isolé du reste par une ballustrade en bois et cuivre doré de 0,70 de hauteur; des rideaux placés tout autour permettent de s'isoler relativement; il donne sur un cabinet de toilette, water-closet, réservé aux dames; je pense que la seule raison d'être de ce petit salon est de masquer l'entrée de ce cabinet de toilette water-closet; il en existe un également pour les hommes, mais avec entrée dans le couloir.

Le style est Louis XVI acajou et cuivre doré, le plafond un peu lourd représente des envolées d'amours et de roses en rondebosse dans une teinte rose très claire, d'un assez joli effet, les fauteuils, rideaux, etc., sont en soie Louis XVI provenant de Lyon; l'ensemble est très riche; on s'imagine difficilement des soies de cette espèce après un an de service avec la fumée et la poussière des lignes américaines; les plafonds en pâte moulée, acceptables quand les rondes bosses sont à peine sensibles, deviennent des plus critiquables quand ils comportent des fouillures profondes; ce sont des nids à poussière, d'autant plus que le nettoyage est rendu impossible par la fragilité même de la décoration.

Le style Louis XVI est bien approprié par contre à la menuiserie; il permet d'obtenir de grandes surfaces de bois dont la froideur et la nudité sont bien masquées par les ornements de bronze.

L'éclairage est fourni par des appliques du style, portant des lampes Edison.

Sleeping car

Un des sleeping ne contient que des state rooms ; celui qui est exposé et qui est plus luxueux que ceux qui sont en service, en ce qui regarde les garnitures, donne une utilisation moins bonne que le sleeping de Pullman ; il ne contient que quatorze lits, cela tient à ce qu'il y a plusieurs chambres à un et deux lits canapés qui prennent beaucoup de place, en donnant des chambres absolument confortables, par contre.

La voiture est ainsi divisée; antichambre et water-closet, deux chambres à deux lits ordinaires, une chambre à deux canapés-lits, une chambre à un canapé-lit, un corridor oblique réunissant les couloirs latéraux, et la répétition de la même distribution, ce qui donne trois chambres pour quatorze lits. Chaque chambre contient une toilette.

Le style est du Louis XVI anglais, fond laqué, crème, saumon, etc., les corridors et les antichambres sont en acajou et bronze ; les ornements sont en bois sculpté ou en pâte pour les plafonds, les garnitures des toilettes, genre des toilettes des yachts, sont en métal et onyx.

Voiture spleeping à dortoir

La seconde voiture comprend un compartiment à 20 lits, modèle ordinaire de Wagner, c'est-à-dire à couchette, s'abaissant de l'angle supérieur du plafond, et deux states rooms à deux lits, soit 24 places de sleeping.

Les motifs de décoration sont plus simples dans cette voiture qui est du type courant, sièges en velours épinglé, boiseries en érable avec sculptures très soignées, plafond en vieil or pâle ; les states rooms sont dans le même style, ils contiennent une toilette. A chaque extrémité de la voiture se trouvent des water-closets et toilettes du même genre que ceux des autres voitures, les garnitures des parois sont en céramique vernissée, celles du plancher en carreaux comprimés, les tables de toilette, en onyx, etc.

La voiture est éclairée comme les autres par l'électricité au moyen de lampes renfermées dans des coupes en verre teinté et poli, rappelant en tant que forme les coupes des lampes des appareils à gaz Pinsch usités en Europe.

Dining car

Le dining car ne contient que 29 places, les tables sont de 4 et de 2 places comme celles de la Société Internationale, l'intérieur est en noyer verni, plafond clair, l'ensemble de la salle à manger est partagé en trois, par de petites colonnes et des rideaux qui, bien que ne fermant pas la communication, n'en constituent pas moins une sorte d'isolement moral. L'aspect est beaucoup moins froid que quand la salle à manger occupe toute la longueur du wagon.

On retrouve là le même luxe devenu courant dans les trains limited, de verrerie, d'argenterie, etc., les sièges sont fixes, mais en dehors des soins apportés dans tous les détails, ce wagon ne présente aucun trait bien nouveau.

Le gabarit extérieur est de 3 mètres, non compris les moulures, et la largeur utile est de 2^m,72 à cause de l'épaisseur des parois, la construction est du type classique aux États-Unis ; les boggies ressemblent à ceux du Pullman, les roues sont en acier coulé avec bandages rapportés; le poids de ces voitures est de 45 à 48 tonnes, suivant le type, un train composé de 5 voitures contenant au maximun 68 places, pèse donc 240 tonnes avec les voyageurs, bagages, provisions, etc.

Canadian Pacific

Le Canadian Pacific avait exposé un de ses trains, tels qu'ils sont en service sur la ligne de Montreal à Vancouver.

La composition du train est la suivante :

1° un fourgon à bagages ;

2° une voiture d'émigrants (2ᵉ classe) ;

3° une voiture de 1ʳᵉ classe ;

4° un dining car;

5° un sleeping car.

Le matériel tout en étant très soigné et très confortable est exempt de tout luxe, les panneaux extérieurs sont en petites frises d'acajou verni ressemblant beaucoup aux voitures de la Société Internationale, les trucks du sleeping car, du fourgon et du dining car sont à 3 essieux, ceux des autres voitures à deux, les roues sont en fonte, ces trains ne

sont pas du reste remorqués à une grande vitesse, la ligne ne le permettant pas.

Tous les intérieurs sont en chêne blanc ciré, la différence résidant
dans le plus ou moins de décorations; l'aspect est assez froid, mais très
net, très propre, la décoration du sleeping consiste en quelques moulures, et dans la décoration des colonnes des séparations du style renaissance, colonnes carrées à chapiteaux Corinthiens.

Le fourgon est uniquement destiné aux bagages et à la messagerie,
il est chauffé par un appareil à vapeur et eau.

Le fourgon n'a que 16 mètres de longueur, alors que les voitures en
ont 20, il est vestibulé; son vestibule ne comporte rien de particulier.

Voiture de 2° classe. — Voitures d'émigrants

Cette voiture est des plus intéressantes, c'est un sleeping, mais moins
élégant, moins confortable, que ceux dont il a été question, les sièges
fixes et vis-à-vis, sont garnis de moleskine, avec rembourrage assez
mince, la nuit une couchette se rabat à la partie supérieure; ces couchettes sont aussi larges que celles des sleeping de Pullman, mais très
sobrement garnies, chaque couchette sert à *deux voyageurs* qui sont
ainsi tous couchés; la voiture qui a 17 mètres de caisse contient deux
lavabos waters-closet, de la dimension de ceux de nos sleeping cars
d'Europe, et 8 sections de 8 places, soit 64 places; le supplément pour
l'emploi des couchettes est de 2 dollars pour les 3 000 milles de Montreal à Vancouver, mais les voyageurs doivent dresser eux-mêmes leurs
lits. La Compagnie fournit des couvertures mais pas de draps.

Si on compare ces voitures à nos 3° classes d'Europe, le résultat n'est
pas à notre avantage. La voiture n'est pas luxueuse, mais elle l'est infiniment plus que les 2° classes de France. Cette voiture pèse 32 tonnes,
l'utilisation est bonne, et il y a peut-être quelque chose à prendre pour
l'Europe; avec la tendance démocratique actuelle, on pourrait peut-être
essayer de transporter les voyageurs de 2° et 3° classe dans une voiture
de luxe ? de classe inférieure; les voitures de 3° classe sont en général
si mauvaises qu'on aurait des chances de déclasser des voyageurs de
3° et 2° classe, et même de 1°° qui ne veulent pas faire la dépense d'un
train de luxe.

Voiture de 1re classe

La voiture de 1re classe exposée est du type classique Américain, à dossier réversibles, la caisse a les mêmes dimensions que la précédente, elle contient à chaque extrémité deux compartiments de six places formant fumoirs, 1 cabinet water-closet pour les hommes, 1 cabinet et 1 water-closet pour les dames, un calorifère à eau et vapeur, et dans le compartiment central 32 sièges à deux places, soit 56 places en tout ; le poids de la voiture est de 31 tonnes. Cette voiture ne présente rien de particulier, ni comme disposition, ni comme décoration ; la garniture des sièges du fumoir est en velours à côtes et celle des autres sièges en velours grenat.

Dining car

La disposition du dining car est la même que celle de tous ceux qui sont en service aux États-Unis ; la caisse a 16 mètres de longueur, dont 7^m,30 sont réservé au service de la cuisine et de l'office ; le nombre des places est de 30, par table de 2 et de 4. Le car contient en outre un calorifère et un lavabo, mais pas de water-closet.

Le wagon est très simple, les sièges sont fixes, mais très confortables, le service est facile, la cuisine grande ainsi que l'office ; 7^m,30 de la caisse y sont attribués.

Sleeping car

La caisse du sleeping a 27 mètres de longueur, elle contient 1 water-closet, 2 water-closets cabinets de toilette, un cabinet de toilette servant de fumoir, deux states rooms à trois lits, disposés de façon à pouvoir utiliser directement et pour eux seuls les cabinets de toilette water-closet, un dortoir à 16 lits, enfin une petite salle de bain.

Dans ce sleeping nous retrouvons le même caractère de simplicité qui n'exclut pas le confort. Ce n'est point un luxe de prendre ce train, c'est une nécessité. Un trajet de six jours impose des installations de ce genre, et le train du Canadian correspond à un service de cette catégorie, il est donc intéressant à étudier pour les très longs parcours où il est indispensable d'assurer un certain confort à tous les voyageurs et non aux voyageurs fortunés, seulement.

Le dortoir est moins objectionnable dans ces conditions, car il s'adresse à des gens qui cherchent la réduction de la dépense et qui n'étant point habitués à un grand luxe ne sont point choqués par la promiscuité ; le poids de ce car est de 40 tonnes.

Tout le train est vestibulé, disposition qui dans un temps donné s'appliquera à tout le matériel des États-Unis, il s'impose au reste, car du moment que les voitures sont en communication, il est impossible d'imposer le passage d'une voiture à une autre, par une plate-forme découverte, quand il y a 30 degrés au-dessous de 0 ou même simplement de la pluie.

Nous citerons en passant les voitures-lits sur boggies du London and Worth-Western. C'est une voiture très confortable, mais à notre avis, c'est une voiture de compagnie de chemin de fer qui veut pouvoir mettre quelques wagons-lits à la disposition des voyageurs de luxe et non la voiture d'une compagnie qui cherche à supprimer le voyageur de nuit non couché ; la voiture du London and Western s'adresse à l'exception et non à la généralité, la voiture est trop courte pour donner une bonne utilisation, elle est également trop étroite.

Voitures Krehbiel

Ces voitures contiennent, à notre avis, des points excessivement remarquables et tout à fait nouveaux, nous considérons que ce sont de beaucoup les plus intéressantes de toutes celles qui sont exposées, surtout au point de vue Européen.

En effet, les sleeping car de la Société Internationale des wagons-lits, sont très bien, ils pêchent un peu par les dimensions, mais en somme la distribution est très bonne et supérieure aux Pullman ou aux Wagner ordinaires, qui présentent l'inconvénient de réunir 20 à 30 dormeurs dans la même salle.

Mais il reste beaucoup à faire pour le voyageur de jour ; le wagon-salon américain, le drawing-room car ordinaire, celui qui a été introduit en Europe n'est pas satisfaisant, les observatory cars et les nouveaux drawing-rooms cars de Pullman et de Wagner sont très bien, mais fort dispendieux, de plus ils ne peuvent pas permettre à quelqu'un de s'étendre s'il est fatigué, c'est un wagon de petits parcours.

Nous avons trouvé au contraire dans les voitures Krehbiel des dispositions très nouvelles tant en ce qui regarde les plates-formes que la disposition des sièges.

Plates-formes et escalier d'accès

Les plates-formes constituent une innovation absolument complète et c'est le seul modèle exposé qui permette d'obtenir une plate-forme continue, sans être obligé de rétrécir le passage pour faciliter l'accouplement de deux soufflets.

Chaque voiture porte sa plate-forme, mais cette plate-forme qui à la section de la voiture, est articulée avec elle par un système de petits soufflets protégés par une plaque rigide extérieure glissant sur un rail, l'attelage des deux plates-formes est donc rigide, ce sont deux caisses en bois, semblables au reste de la voiture qui sont accouplés ensemble ; l'articulation est reportée entre l'ensemble de ces deux caisses et les voitures.

On voit immédiatement l'avantage que présente cette disposition, tous les mouvements de déplacement dans le sens horizontal sont réduits de moitié pour chaque articulation, le mouvement de chaque véhicule par rapport à la plate-forme est donc moitié moins gênant que dans le cas habituel.

L'ensemble des deux plates-formes constitue donc une pièce carrée de $2^m,80$ de largeur de gabarit intérieur sur $2^m,20$ longueur totale des deux plates-formes, c'est une sorte de salon qu'on peut aérer en ouvrant les portes en été et qui garni de pliants donne une place considérable entièrement gagnée.

Cette plate-forme s'applique à tous les attelages automatiques existants, à priori nous ne voyons pas pourquoi elle ne pourrait pas s'installer avec les attelages à tendeur et à double tampons.

Il y a là certainement une étude à faire, mais le bénéfice est tellement grand qu'il serait très à désirer que cette application fût faite.

Le mouvement maximum que peut prendre chaque plate-forme par rapport à la voiture dont elle fait partie est 0,25. Mais dans la pratique cette amplitude n'est jamais atteinte, car les attelages n'ont pas plus de 90 millimètres de course.

L'attelage entre les deux plates-formes se fait au moyen de plaques à charnières avec une goupille.

L'escalier est mobile, en effet la plate-forme ayant le même gabarit que les voitures, il faut rentrer les marchepieds pour ne pas sortir du gabarit.

Le marchepied est des plus ingénieux, avec une simple poussée du pied, il s'ouvre et se met en place sous le poids de l'opérateur, ce qui en même temps bande un ressort.

Lorsqu'on veut rentrer l'escalier, il suffit de presser un bouton, le ressort se déclanche et remonte presque complètement le marchepied qu'il suffit d'appliquer par une légère traction contre la paroi.

Cet appareil qui paraît compliqué à la description est au contraire très simple et très robuste, il constitue une amélioration sur les autres dispositions analogues.

L'autre caractéristique de ces cars est l'arrangement intérieur.

Les sièges sont de larges fauteuils-canapés Voltaire qui peuvent recevoir deux personnes (comme sleeping, un siège est attribué à un seul voyageur).

Ces fauteuils sont réunis au plancher par un boulon se mouvant dans deux rainures en croix, le boulon est libre dans les rainures en sorte que, le fauteuil roulant sur des roulettes, on peut lui donner toutes les dispositions voulues, le déplacement obtenu au moyen des rainures permettant de le faire tourner dans tous les sens en évitant soit les autres fauteuils, soit les parois.

On peut mettre tous les sièges en rang face à face, ou dos à dos laissant un passage entre les dossiers, et face aux fenêtres, ou tous rangés dans le même sens, ou face à face comme dans les compartiments en Europe; ou en losanges pour former une sorte de petit salon de conversation; enfin, chaque double siège peut se transformer en deux couchettes, l'une près de terre, l'autre à la hauteur des dossiers.

Chaque groupe de quatre fauteuils est séparé par des rideaux mobiles formant décoration de jour. Les lits sont très larges et étant contenus dans les canapés, la voiture peut conserver toute sa largeur à la partie supérieure sans être forcé comme dans les sleeping américains de diminuer la hauteur des fenêtres.

Comparé aux states rooms, ces sleeping sont inférieurs, mais comparés aux sleeping américains ordinaires, ils présentent des avantages sérieux plus de confort des sièges, beaucoup plus de hauteur entre les couchettes, plus d'air, et, le jour un wagon beaucoup plus agréable et bien mieux aéré.

Combiné avec le state room comme place de luxe, on pourrait faire des wagons qui seraient très appréciés en Europe surtout pour les voyages dans des pays pittoresques, la disposition des sièges permettant de très bien voir le paysage.

Les voitures exposées pesant 36 tonnes sur boggie à trois essieux, ayant 21 mètres de caisse contiennent une large antichambre avec à droite et à gauche 2 cabinets de toilette et W. C., pour dames, le calorifère à eau chaude, des armoires à linge, etc., une baignoire; la partie réservée ainsi aux accessoires a $3^m,50$ à chaque extrémité de longueur, puis vient un compartiment de 15 mètres divisé en 7 sections par des rideaux, ainsi que le montre la photographie; ce compartiment contient 28 couchettes, de jour il peut recevoir 56 voyageurs de 1re classe; à la suite se trouve un compartiment de $2^m,70$ contenant un lavabo pour les hommes et deux sièges pour fumeurs donnant place pour deux couchettes, enfin un W.C., pour les hommes, soit 60 places de 1e classe de jour et 30 de nuit. Le tout très vaste, très confortable. A cela vient s'ajouter le confort donné par la plate-forme-vestibule.

On se trouve donc vis à vis d'une voiture à la fois confortable et donnant beaucoup de place. C'est là nous croyons la solution qui peut assurer la vulgarisation du wagon-lit en Europe, en permettant d'avoir des places de wagons-lit à un prix qui soit abordable à tous les voyageurs de première classe comme en Amérique, où le voyageur de 1e classe, en général le seul qui existe, prend pour ainsi dire toujours le sleeping quand il a un voyage de nuit à faire.

Il faut avoir passé quelque temps aux Etats-Unis pour se rendre compte de la manière dont l'emploi du sleeping car peut pénétrer dans les mœurs.

En Europe il est resté en dehors du courant général; prendre le sleeping car est une sorte ou d'aveu de faiblesse physique ou la preuve que le voyageur possède une fortune au-dessus de la moyenne. Pour cette clientèle, le state room luxueux est très bon, parfait même, il permet d'exiger un tarif très élevé, mais l'exemple de l'Amérique est là pour prouver que le sleeping tel qu'il y est compris, peut correspondre à une classe de voyageurs très nombreuse qui recule devant une dépense supplémentaire de 33 % du prix des places de 1° classe déjà à un tarif élevé mais qui n'hésiterait pas à dépenser 15 %, pour passer une bonne nuit, le bon marché même relatif séduit toujours. Ce que nous disons ici peut paraître un peu en contradiction avec ce que nous avons avancé en commençant, au sujet de la promiscuité, mais nous avions en vue à ce moment les voyageurs de grand luxe et maintenant nous considérons le cas ou on tenterait de vulgariser les sleepings.

Comme je l'ai déjà indiqué, on a été plus loin en Amérique, puisqu'il a été créé des sleeping pour la classe des émigrants, classe qui correspond à la 3ᵉ classe de France ou de Belgique.

Nous ajouterons enfin quelques indications sur les prix des lits dans les trains de luxe et dans les express.

Pour le parcours de Chicago à New-York, par le Lake Shore and Michigan Southern, dans l'Exposition Flyer, qui ne met que vingt-une heures à faire le trajet de 1.600 kilomètres, train de luxe composé de Wagner cars, dont nous avons donné la description, comprenant trois sleeping, un dining et un baggage and moking car; la couchette ordinaire coûte 11 dollars, et le state room de deux couchettes coûte 30 dollars. Dans les express ordinaires, qui font le trajet en vingt-cinq à vingt-sept heures, ces mêmes tarifs sont respectivement de 5 et 16 dollars. Le prix de la place étant environ (on ne peut dire exactement en Amérique quel est le prix, les tarifs changeant souvent à cause de la concurrence) de 80 à 90 francs, on voit que dans l'express spécial, le prix de la couchette est de 50 % du prix total, et de 30 % dans les express ordinaires; mais le tarif général ne ressort guère qu'à 0 fr. 7 1/2 pour le voyage en première classe.

On peut donc dire en résumé que, dans les express spéciaux des États-Unis, on a porté les installations à un très grand degré de luxe et de confort, en multipliant les states rooms, en introduisant des smoking et des observatory cars, qui augmentent pendant le jour le nombre des places mises à la disposition des voyageurs, en perfectionnant les vestibules et les plate-formes élargies, en donnant plus d'ampleur aux accessoires, water-closets, cabinets de toilette, etc., et en introduisant un luxe de garniture et de décoration remarquable.

Au point de vue du chauffage, on emploie la vapeur, accompagnée d'eau, ou la vapeur seule à basse pression, soit en prenant la vapeur à la chaudière de la machine, soit en employant un calorifère par voiture; les systèmes, qui semblent les plus employés dans les nouvelles constructions, sont les appareils de la « Consolidated car heater Company » d'Albany. Toutefois, l'appareil exposé par M. Bourdon, de Paris, qui emploie le chauffage à la vapeur sans avoir de chaudière sous pression, nous paraît à première vue supérieur pour l'Europe, où, tout appareil à vapeur sous pression est soumis à des prescriptions très minutieuses de l'administration. Très simple, cet appareil semble devoir donner très économiquement toute satisfaction. Les dining cars sont un peu plus spacieux, et les cuisines, buffets et offices sont plus largement traités qu'en Europe ; l'adjonction d'un barbier, d'une salle de bain, etc., n'est pas une mesure générale, et semble plutôt correspondre à un genre d'esprit tout local.

Pour les trajets de jour, les Américains emploient des parlor cars dans lesquels des fauteuils remplacent les sièges, des club cars, des observatory cars, des drawing room cars, des buffets cars.

Intérieurement, la distribution varie peu ; les sièges sont ou fixés sur un pivot, ou mobiles ; ces deux systèmes ont des avantages et des inconvénients : le fauteuil pivotant, généralement un reclining-chair a le désagrément de ne pas permettre aux voyageurs de se grouper, mais aussi il force à respecter la liberté de la circulation longitudinale, (fig. 46, 51, 52.)

Les sièges mobiles sont nécessairement moins confortables, car ils sont moins hauts de dossier, mais donnent l'air plus salon ; le buffet car, en général en même temps un smoking, est un wagon-salon dans lequel on peut se faire servir des boissons chaudes ou froides, des lunchs, etc. Il aurait assez de succès sur certaines lignes d'Europe ; l'adjonction d'une bibliothèque est une très petite affaire, et c'est un bien grand mot que baptiser le car de Library Car : c'est comme si on nommait ainsi un transatlantique parce qu'il a deux petites armoires contenant des livres.

Le smoking car contient souvent des journaux illustrés.

L'observatory car est plus nouveau : c'est un wagon qui permet de profiter du paysage en plaçant le wagon à l'arrière du train ; c'est un salon muni d'un balcon découvert ; l'introduction des fauteuils en rotin, avec garniture d'étoffe est à recommander : cela est propre, léger et peu dispendieux. Mais, à part le système Krehbiel, il n'y a guère que des améliorations à indiquer dans les days cars, aucun principe nouveau n'étant présenté.

Il faut signaler toutefois, pour les wagons-salons, la disposition oblique de certaines baies de custode qui produit un très bon effet, mais peut-être en compliquant un peu la construction.

L'éclairage électrique se répand en même temps que le gaz Pinch, mais presque partout on conserve comme réserve les lampes à Kéro-sène. Toutefois, les Limited sont exclusivement éclairées à l'électricité.

Nous citerons enfin un car spécial construit par Jackson Sharp, de Wilmington Delw, c'est un club-car, (Pl. 62), destiné à faire un service journalier entre New-York et Long-Branch, où pendant l'été les ha-bitants vont se réfugier pendant les chaleurs ; les hommes d'affaires par-tent le matin et rentrent le soir. Certains parcours prennent plus de trois heures et demie, c'est-à-dire 150 milles.

Certaines personnes se groupent, au nombre de 40 à 50, et forment pour la saison un club qui loue un car spécial faisant le trajet tous les jours ; chaque membre a une petite armoire contenant des cigares, des effets légers, liqueurs, cartes, etc. La vie de club se continue en route, entre la vie de Bourse à New-York, et la vie à la campagne.

Le wagon exposé est un grand fumoir dans une caisse de 23 mètres de longueur ; l'intérieur est tout entier en acajou et maroquin, de ma-nière à ne pas s'imprégner d'odeur de fumée ; des petites tables mo-biles sont placées entre chaque fenêtre ; le wagon, très simple et très confortable, peut contenir 40 voyageurs ; il est muni de lavabos et water-closets très bien installés.

Ces wagons servent également l'hiver pour les parties de chasse, etc.

Nous pouvons terminer en disant qu'en l'état actuel, les États-Unis tiennent absolument la tête pour le matériel de chemin de fer, tant au point de vue du luxe que du confort. Si nous considérons la stabilité, l'emploi de longues voitures de 25 à 26 mètres, de boggies à six essieux, a donné des résultats remarquables, puisque, sur des voies aussi pri-mitives que celles des États-Unis, on arrive même aux grandes vitesses à une allure des plus satisfaisantes.

Les vestibules avec tamponnements des soufflets entre eux, donnent les meilleurs résultats ; c'est là le secret de la stabilité parfaite du pas-sage ; la suppression du pont à charnières a une importance capitale : il n'y a plus de pièce mobile, puisque c'est le tampon qui est réuni à sa propre caisse par une plaque qui vient glisser sur la plate-forme. Il se-rait important de tâcher de concilier ce tampon central avec les tam-pons latéraux du matériel européen.

Au point de vue de la décoration intérieure, l'emploi des machines à sculpter est bien intéressant; il permet de rompre les lignes si géomémétriques et si froides de nos décorations, qui sont toutes composées de moulures rigides et se coupant à angle droit.

On peut également alors adopter un style qui, sans que cela coûte plus cher, donne un aspect de luxe fort recherché par les voyageurs des wagons de luxe.

Nous complétons ces données sur le matériel par quelques mots sur la voiture de première classe du Norfolk and Western Railroad et du wagon-poste du Michigan Southern.

La voiture de première classe, la classe unique en dehors des wagons de luxe est représentée (Pl. 59-60).

Cette voiture contient 58 places dont 6 dans un state room séparé, deux calorifères à eau, un cabinet de toilette W.-C. et un réservoir à eau glacée. La voiture sur truck à quatre roues pèse 32 tonnes, les plates-formes sont vestibulées avec un soufflet, nous en donnons le détail (Pl. 61). Les sièges à dossiers réversibles sont garnis en velours grenat, la caisse est très haute et très spacieuse.

Planches 63 et 64, nous donnons les dessins du wagon-poste du Michigan Southern, nouveau modèle et le plan de l'ancien qui est peu à peu remplacé par la nouvelle disposition.

A la simple inspection de la planche on se rendra compte de la facilité que donne l'emploi de ces grands wagons qui permettent de concentrer les services dans un même bureau tout en donnant à chaque employé une place considérable.

Le wagon contient en outre de nombreux dispositifs très ingénieux pour le classement des lettres, des sacs, l'enregistrement, etc.

Le wagon repose sur deux trucks à six roues de manière à lui donner une grande stabilité; tout équipé, le wagon pèse 33 tonnes.

CHAPITRE VI

TRAMWAYS

Les tramways ont pris une extension considérable aux États-Unis depuis l'année 1832 où ils ont fait leur apparition sous l'inspira tion de l'américain Stephenson. Les progrès ont été encore plus rapides pendant ces dernières années. En effet, la traction mécanique, la seule qui soit pratique et économique pour les tramways a été appliquée dans une large mesure et on prévoit le moment peu éloigné, où il n'existera plus une seule ligne de tramways exploités par les chevaux.

Nous avons déjà dit quelques mots de ce développement. Il est dû à l'extension considérable des villes, de leur implantation dans des régions neuves où il n'existait pas même un village. Il s'agit de créations industrielles, la voirie n'existe pas, est coûteuse à entretenir et incombe à une municipalité pauvre, aussitôt une société se crée pour la construction d'un tramway, qui devient aussitôt le seul moyen de transport. En général, le capital de premier établissement est fourni par un syndicat de propriétaires de terrains qui veulent mettre leurs terres en valeur, C'est ainsi que tout autour des villes on voit surgir des tramways qui sont destinés à permettre la construction dé centres nouveaux.

C'est que la conception du système de transport est l'opposé de celle que nous avons en Europe. Aux États-Unis, la création du moyen de transport doit déterminer la production du trafic à exploiter, au contaaire, en Europe, une ligne n'est créée que quand le trafic existe déjà.

On conçoit que tant qu'on n'a eu à sa disposition que la traction animale, si coûteuse, si lente, si incapable de satisfaire à un trafic important, le développement des chemins de fer l'a emporté sur les tramways qui étaient limités aux services urbains où ils prenaient un développement tel que la voiture de place disparaissait au grand avantage de la circulation.

On peut dire que dans les villes américaines il n'existe que les transports en commun par rails, ou les voitures particulières, mais en petit nombre, car ce n'est qu'un objet de grand luxe réservé aux familles très riches. La circulation dans les rues devient donc beaucoup plus facile même avec un mouvement plus considérable.

Comme nous l'avons dit, la traction animale est presque disparue pour faire place au tramway à traction électrique ou à câble. On peut s'étonner, à juste titre, que les Américains n'aient jamais adopté de traction par locomotives à vapeur légère. Divers essais infructueux ont été faits et nous ne pouvons attribuer leur échec qu'à deux causes, le médiocre entretien des voies et la médiocre construction des locomotives.

La locomotive de tramway qui doit développer de grands efforts sous un poids léger, demande une étude et une construction très soignées. Car si la construction des grosses machines est très remarquable aux États-Unis, nous avons déjà dit que cette construction était très lourde par unité de force, défauts qui ne peuvent que s'accroître dans la construction d'une petite locomotive.

Dans bien des cas cette solution aurait convenu, comme elle conviendrait encore à l'origine d'une ligne, avant que le trafic ne soit assez développé pour légitimer l'emploi de la traction électrique.

Il est juste de dire toutefois que les locomotives de Baldwin pour les elevated sont presque des machines de tramway bien qu'elles dépassent de beaucoup la puissance correspondant à ce dernier service.

Les petites locomotives de 8 à 15 tonnes que nous avons été à même de voir étaient des machines destinées à des chantiers, à des exploitations de bois, mais incapables de faire un service de traction de tramway.

Le système Mekarski a été également essayé, mais sans prendre beaucoup de développement.

L'exploitation des tramways est très simple, elle consiste à offrir le plus de trains possibles aux voyageurs. Dans les exploitations suburbaines, les voitures ou les trains se succèdent en général, de 10 minutes en 10 minutes et même souvent à un intervalle moindre; pour les exploitations urbaines, les cars se succèdent à une minute les uns des autres, jamais un voyageur n'est obligé d'attendre et il peut toujours voir des cars se succédant en long chapelet continu, devant et derrière lui; on cherche en effet, toujours à terminer les extrémités en boucle pour éviter tout retard occasionné par les manœuvres d'aiguilles. Cette exploitation fréquente est la seule manière d'absorber tout le trafic, il ne faut pas que le passant puisse croire qu'il arrivera avant le tramway en allant à pied. Toute exploitation basée sur un grand nombre de places mises à de longs intervalles de temps à la disposition des voyageurs sera toujours destinée à péricliter. Lorsqu'on a vu la puissance de débit de certains tramways aux Etats-Unis on se rend compte que dans une ville comme Paris, par exemple, la nécessité d'un métropolitain serait bien atténuée si un bon système de traction mécanique était intelligemment appliqué sur le réseau déjà existant à la surface du sol.

Disons dès maintenant, en anticipant sur la suite de cette étude, qu'à notre avis, c'est faire fausse route que de chercher la solution dans les accumulateurs qui ne peuvent permettre la mise en service d'un assez grand nombre de voitures, les conducteurs aériens ne peuvent être adoptés à cause de l'enlaidissement des voies publiques qu'on lui reproche, nous pensons que la vraie solution est la traction par câble dont nous citerons des exemples remarquables. Nous ajouterons encore que tout dans le tramway américain est fait pour engager à y monter, les voitures sont admirablement propres, les intérieurs sont frais et toujours garnis à neuf, l'éclairage est brillant, en un mot, tout respire le confort et la propreté, ils n'ont donc rien de commun avec les nôtres.

Voie

La seule largeur de voie adoptée à de rares exceptions près est la voie normale, nous pensons qu'il y a dans cet ostracisme porté contre les voies de largeur inférieure un fond de vanité qui a fait proscrire toute voie qui n'était pas aussi large que celle du voisin, puis les conditions ne sont pas les mêmes. On peut dire aux Etats-Unis : la rue appartient aux tramways, tandis que chez nous le tramway n'est que toléré et encore à quel prix, on peut dire que le tramway en Europe, et surtout en France, est l'ennemi de l'Administration. Il ne faut donc pas s'étonner de l'extension prise par ce système de transport aux Etats-Unis, où l'esprit est tout autre.

On a donc pu adopter des formes de rails qui auraient été proscrits ailleurs, et on a pu vis-à-vis des facilités données ne pas tenir compte de l'économie qu'on aurait pu réaliser partout ailleurs, en réduisant la largeur de la voie.

Les types de voies sont loin de présenter les diversités que nous sommes habitués à rencontrer, les administrations étant moins exigeantes, les ingénieurs n'ont point eu autant à s'ingénier pour les satisfaire, les voies pavées en pierres sont assez peu nombreuses, les voies pavées en bois le sont plus, mais il s'agit d'un simple blocage de rondins de bois mis debout simplement sur du sable, les chemins sont remarquablement mauvais, il ne vient donc à l'esprit de personne de critiquer une voie faisant plus ou moins saillie sur le sol. Depuis l'origine, on n'a jamais adopté le rail à gorge, on trouvait qu'il s'engorgeait trop facilement, que le rebord intérieur s'écrasait, de plus, que dans les courbes il conduisait à une résistance beaucoup trop grande, le profil a toujours été composé de deux surfaces horizontales de 50 à 70 millimètres de largeur situées à 25 ou 30 millimètres de distance verticale et raccordées par une face verticale. L'empierrement, le pavage, en un mot la matière qui forme la chaussée viennent se raccorder aves ces deux surfaces, il en résulte que vers l'intérieur de la voie il y a une dénivellation de 25 millimètres environ. Cette dénivellation ne gène en rien la circulation des voitures ordinaires car aucun contre rail n'empêche la jante de la roue, si étroite qu'elle soit, de se dégager.

La surface supérieure étant ainsi constituée, le corps du rail affecte plusieurs formes ; dans certaines voies, le rail a la forme d'un fer en ∪ dont les deux branches verticales viennent reposer sur des coussinets fixés sur les traverses. Enfin, dans les pavages, le rail en ⊤ est surélevé sur des supports en fonte auquel il est accroché par des clavettes en fer enfoncées à force. Les rails, surtout depuis ces dernières années, sont en général lourds, ils pèsent de 35 à 50 kilogrammes le mètre courant, on a reconnu en effet que les rails légers faisaient toujours un mauvais service et exigeait un entretien trop dispendieux.

Le développement de la métallurgie a permis en effet de baisser le prix des rails et on a su en profiter pour augmenter le poids.

Les joints des rails ont donné lieu aux inventions les plus diverses, et, c'est sur ce point que l'ingéniosité américaine s'est donné cours. Désirant éviter les bourrages des traverses de joint, puisqu'il fallait démonter la chaussée pour le faire, on a cherché à constituer des éclisses assez résistantes pour supprimer la dépression du joint. On y est plus ou moins arrivé, un des types les plus onéreux mais peut-être le plus efficace consiste en un rail Vignole renversé et s'appuyant dans des logements ménagés dans la base des coussinets qui précédent et suivent le joint, des éclisses complètent la solidarité. Certes le joint est fâcheux mais il nous paraît exagéré d'accepter une pareille dépense, il y a certainement des dispositifs plus simples. La voie Marcillon par exemple résout bien le problème.

Nous donnons de nombreux exemples de voies employées en Amérique mais nous devons ajouter que les seules qui soient véritablement usitées sont celles representées figures 1 à 4, figure 6, figures 28 et 29 ainsi que figure 31, lorsque les voies sont en pavage, ou directement sur les traverses quand on se trouve en empierrement. Il est inutile d'ajouter que les rails sont exclusivement en acier.

Les aiguilles sont très robustes, autrefois toute la boîte était en fonte, seule l'aiguille était en acier, actuellement tout est en acier coulé, ces aiguilles à lame noyée sont très substantiellement construites elles pèsent un poids considérable et ont peu de tendance à se déplacer une fois posées.

Enfin nous ne quitterons pas cette partie si importante de l'établissement des lignes de tramways sans parler de la soudure électrique des rails. Au préalable nous devons parler des expériences faites par M. Moxham, membre de l'association américaine des tramways: des essais avaient déjà été faits de river les éclisses de manière à éviter toute faiblesse du joint, mais en même temps toute dilatation ou contraction, ces essais avaient montré que lorsqu'une voie est noyée dans une chaussée les effets de la contraction et de la dilatation ne se font pas sentir et que la voie reste plane et sans déformation. On avait en général attribué ce fait à ce que le sol empêchait les rails de subir les variations de température de l'atmosphère. M. Moxham dans le but d'élucider cette question, a entrepris une série d'expériences très intéressantes. Des trous ont été percés dans différents endroits d'un rail posé dans une voie et des thermomètres placés dans les trous, l'un de ces trous traversait toute la hauteur du rail, le fond se trouvant dans le patin, un second donnait la température du champignon, percé à cet effet d'un trou horizontal, enfin deux autres thermomètres donnaient la température de l'air. Un écran disposé au-dessus du rail permettait de n'opérer qu'à l'ombre ; les expériences ont été faites avec des variations allant de — 12° à + 27°, et, on a reconnu au moyen d'observations faites de quart d'heure en quart d'heure que la température du rail suivait celle de l'air à 3 degrés près en moyenne. Il fallait donc écarter cette explication. Il n'en est resté plus qu'une, c'est que la chaussée maintenait le rail de telle façon que la dilatation ne pouvait se produire.

Pour un écart de 50° on peut se rendre compte que le métal travaillerait à la compression sous une charge de $8^k,4$ par millimètre carré, ce qui n'a rien d'excessif. Mais il n'en est pas moins vrai que tout le système de voie est en état d'équilibre instable, c'est en somme un ressort bandé, et si on vient à rompre cet équilibre, l'ensemble du système viendra à se déformer, aussi M. Moxham dont nous reproduisons les idées, conseille-t-il de ne faire les réfections que par petits sections dans une voie continue, ou, si on doit relever la voie, couper le rail de distance en distance, enfin il propose de laisser un joint de dilatation tous les 150 ou 200 mètres; nous ne voyons pas pour notre part comment ce joint fonctionnerait puisque d'un autre côté l'auteur proclame que le frottement de la chaussée suffit pour interdire toute dilatation aux rails, même sur une assez faible longueur.

Quoi qu'il en soit, la tendance à développer les voies à rails continus est manifeste, et nous arrivons à parler de la soudure des rails qui semble se développer d'une manière assez sérieuse en Amérique, assez très certainement pour qu'on puisse se faire une idée très juste de ce système d'ici à peu d'années.

Le premier essai avait été fait sur une des lignes du système de tramways de Boston : l'opération avait bien réussi, bien que plusieurs ruptures de rails se fussent produites auprès des soudures, le métal ayant probablement été trempé par un brusque refroidissement. Mais la Johnson Cᵒ n'en persévéra pas moins dans ses essais. La seconde ligne ayant adopté le système de soudure électrique, est le Baden and Saint-Louis railroad, un des plus anciens tramways de Saint-Louis, allant du Câble car de Broadway aux faubourgs et à deux cimetières. A l'origine, la voie était unique et exploitée avec des chevaux, mais, devenue la propriété de la Compagnie du Câble car de Broadway, cette compagnie s'est décidée à la transformer en ligne à double voie à traction électrique; la ligne a un peu plus de 5 kilomètres de longueur. Il n'y a aucun croisement avec d'autres lignes, et, bien qu'il n'y ait pas de courbes de faible rayon elle comporte cependant des courbes de 300 mètres très fermées. La chaussée est en empierrement ayant 20 à 25 centimètres d'épaisseur; elle est fréquentée par les maraîchers approvisionnant la ville, c'est-à-dire par des voitures relativement légères.

On a reconnu qu'il était préférable de n'opérer les soudures des rails que lorsque la voie était complètement dressée, nivelée et bourrée. Un essai de soudure, fait avant que la voie ne fût bien dressée, avait montré que le wagon électrique, porteur de l'appareil soudeur, et pesant 30 tonnes, la faisait fléchir, en sorte qu'il était impossible d'obtenir une soudure bien normale à la surface de roulement.

Le wagon soudeur, pour employer le nom consacré en Amérique, est monté sur deux trucks moteurs électriques; chaque moteur à une force de 50 chevaux. Il est muni de tous les appareils commutateurs. La prise de courant est faite au moyen du Trolly employé sur les cars ordinaires.

Le courant venant du Trolly passe par un coupe-circuit automatique, un commutateur, etc., à un transformateur qui transforme le courant continu de 500 volts en courant alternatif. Le transformateur ressemble à une dynamo à quatre pôles.

Quatre prises de courant sont disposées à égale distance autour de l'armature, et sont reliées à deux anneaux collecteurs calés sur l'arbre.

La vitesse de rotation du transformateur, étant de 1 100 tours à la minute, la périodicité du changement des axes du courant est donc de 4 400 à la minute : le courant passe par un régulateur à induction, avec noyau mobile en fer, et arrive enfin à la machine à souder, dont nous donnons une vue. Cette machine est suspendue au bras d'une grue placée à l'avant du wagon soudeur. C'est une machine à souder du modèle courant de Thomson; les mâchoires sont disposées de manière à venir serrer le rail juste au joint.

En outre de ces appareils, le wagon contient deux autres moteurs électriques, dont l'un est destiné à actionner le treuil et le changement de direction de la grue, et l'autre fait marcher une pompe de circulation, qui envoie de l'eau dans le bâti de la machine à souder pour l'empêcher de s'échauffer; le car principal, pesant 30 tonnes, est suivi d'un autre wagon portant deux moteurs électriques actionnant des meules à émeri par l'intermédiaire d'arbres flexibles. Ces meules servent à dresser et à polir les surfaces après que la soudure a été faite.

La soudure est obtenue en rajoutant des plaques en acier de part et d'autre des rails. Sous la pression, une partie de l'acier en fusion pénètre entre les extrémités des barres et complète la soudure bout à bout. Nous donnons, figure 36, une coupe de la soudure. Les pièces 1 et 4 sont d'abord soudées, puis on soude 2 et 4; le temps nécessaire pour chaque soudure varie de une à deux minutes; le potentiel dans l'appareil à souder est abaissé à 4 volts; le courant direct nécessaire pris à la ligne est de 250 à 500 volts.

Avant de commencer la soudure, on amène les rails au contact en enfonçant une cale dans le joint suivant; la machine à souder est toujours à l'arrière du wagon, de manière à ne pas le faire passer sur une soudure encore chaude.

On a soin de placer au-dessus du rail des morceaux de charbon de cornue à gaz de manière à carburer le métal, ou pour mieux dire pour l'empêcher de s'affiner.

La machine peut arriver à faire 50 joints par journée de dix heures, soit, avec des rails de 15 mètres, 375 mètres de voie.

Aucun ennui ne paraît résulter de la soudure des rails sur cette ligne malgré les écarts dus aux changements de température ; bien que la chaussée soit aussitôt refaite, certaines sections soudées, ayant 150 à 200 mètres de longueur, sont cependant restées exposées à l'air après soudure sans aucun inconvénient. Plusieurs compagnies de tramways ont passé des traités avec la Compagnie Thomson pour la soudure de leurs voies.

L'essai est intéressant et mérite d'être suivi : en cas de rupture d'un rail, on se contente de lui faire une soudure sur place en traitant la cassure comme un joint ordinaire. L'avenir nous dira si cette nouvelle application de l'électricité est justifiée, mais il est certain que ce mode d'assemblage pourra trouver son emploi dans la construction métallique pour remplacer les rivetages, qui affaiblissent toujours les pièces assemblées.

Nous dirons encore quelques mots sur les rails employés dans les courbes de très faible rayon, on se sert pour le rail du petit rayon, d'un rail à gorge, mais dans lequel la paroi intérieure de la gorge dépasse la surface de roulement de 30 à 40 millimètres, la face interne du bandage des roues vient se guider sur cette surface qui l'empêche de dérailler. C'est un procédé assez barbare car les frottements sont considérables, mais il permet de conserver le parallélisme des essieux. Ces sortes de contre rails sont graissés à la main. Lorsque dans les tramways suburbains, le tracé vient à abandonner les chaussées, on prend alors le rail Vignol ordinaire.

Ce qui précède peut donc être résumé de la manière suivante. Tendance aux Etats-Unis au développement des tramways urbains et suburbains même avec des parcours souvent considérables; tendance à la dissémination des habitations autour des villes, grâce à la multiplicité des moyens de transport à bas prix ; adoption d'une manière absolue de la traction mécanique; tendance absolue à l'emploi d'un moteur central unique, câble ou électricité. Répugnance à adopter des moteurs séparés, à vapeur, à air comprimé, à vapeur surchauffée, etc., etc., provenant de ce qu'on ne comprend pas l'exploitation de la même manière qu'en Europe. Aux États-Unis on considère en effet que les passages de voiture doivent être le plus fréquents possible, alors qu'en Europe on préfère offrir plus de place à la fois, mais à des intervalles beaucoup plus éloignés.

Tendance à augmenter le poids des rails, à renforcer le joint, de manière à diminuer l'entretien de la voie; enfin emploi de voitures très soignées, très propres, confortables et parfaitement éclairées.

Maintenant que nous avons ainsi exposé dans ses grandes lignes la question de la voie, nous allons examiner plus en détail les voies dans leurs applications.

Nous commencerons par les voies des câbles cars.

Les voies de ce système de tramways sont très solidement établies, il le faut ainsi, il est nécessaire que le passage des véhicules ordinaires, l'action de la gelée, la dilatation ou la contraction des chaussées, etc., soient sans influence sur la voie elle-même, malgré la solution de continuité que présente la fente par laquelle doit passer l'âme du grip.

Dans les figures 39 et 40 nous donnons des vues des voies en construction de la ligne à câble de la 3° avenue à New-York. En dehors de sa construction, cette ligne présente la particularité d'être établie sous l'Elevated dont il suit le parcours. Ces deux moyens de transport sont absolument parallèles et ne se font réciproquement aucun tort tant l'activité de la circulation est grande. Le câble est utilisé plutôt pour les petits parcours, car il est moins rapide que l'Elevated.

Le système est enveloppé dans une fosse en maçonnerie dans laquelle de mètre en mètre se trouvent encastrés des bâtis en fonte qui viennent, d'une part, supporter les rails, de l'autre les lèvres de la fente qui doit donner passage au grip. Les rectangles formés par ces rails, les bords de la fente et les supports en fonte sont fermés par des couvercles métalliques dans lesquels sont enchâssés des pavés, de distance en distance, un puits placé dans l'entrevoie et fermé par un couvercle en fonte donne accès par deux galeries maçonnées, aux poulies de support des câbles.

Les voies sont raccordées à chaque extrémité par des boucles de 13 et 15 mètres de rayon, du côté de la 13e rue se trouve le dépôt comprenant 26 voies.

Le câble ne dessert pas le dépôt, un moteur à gaz spécial système Connelly est affecté à ce service.

La ligne ne rencontre pas moins de trente-cinq croisements différents sur son parcours, dont un croisement avec une autre ligne à câble. Cette ligne présente un point très intéressant, elle est exploitée sur tout son parcours par deux câbles et sur une partie de son parcours par trois. Ces câbles peuvent être mis en marche soit isolément, soit ensemble. La ligne est divisée en trois sections employant 7 câbles ayant ensemble une longueur de 65 kilomètres : 1° la section de Harlem de la 130° rue à la 65° où se trouve la station centrale de force motrice, les câbles de cette section ont 12 kilomètres de longueur : 2° la section s'étend de la 65° rue à la 6° ; cette section comme la précédente est actionnée par la station de force de la 65° rue et à la même vitesse de 14 k. 500 à l'heure.

La troisième section, la plus courte, part de la 6° rue et se termine près de la Poste centrale, et comprend la boucle qui raccorde les deux voies. Cette section est actionnée par trois câbles, deux sont animés d'une vitesse de 11 kilomètres à l'heure, et le troisième marche à 8 kilomètres seulement. Ces câbles sont mis en marche par une station spéciale. Les deux câbles rapides suivent le conduit ordinaire, tandis que le troisième câble qui sert à remorquer les voitures dans Parc Row et autour de la boucle, se trouve dans un conduit spécial.

Le but du câble lent est d'éviter les accidents dus à la vitesse sur la boucle de raccordement et de permettre le ralentissement aux passages les plus fréquentés sans fatiguer le câble en laissant le grip glisser sur lui.

Dans la boucle, le câble est guidé par 62 poulies. Le conduit a 0ᵐ,45 de large sur 0,75 de hauteur, les rebords de la fente destinée au passage du grip sont très évasés à l'intérieur de manière à permettre de rehausser le plus possible le grip, évitant ainsi de couper bien des canalisations d'eau, de gaz, etc., qui sont près de la surface.

Les supports des rails reposent sur un lit continu de béton, ils sont à 1ᵐ,50 les uns des autres, des traverses intermédiaires réunissent les rails et les lèvres de la fente. Les rails pèsent 40 kilogrammes au mètre courant. Dans les alignements droits le poids total de la partie métallique ne dépasse pas 315 kilogrammes par mètre courant de voie simple, ce poids est beaucoup dépassé dans les courbes ou les supports sont beaucoup plus rapprochés Le cuvelage de la voie a 0ᵐ,25 d'épaisseur à la base, et 0^m,20 dans les parois verticales, il est constitué par du béton de ciment de Portland. Les voûtes destinées à recevoir les poulies-guides sont en brique et ciment, les puits d'accès ont 1^m,55 de profondeur et 1^m,20 de côté ; dans les alignements droits les poulies-guides sont à 12 mètres les unes des autres. Lorsque les voies se séparent, chaque voie à ses puits qui, sans cela sont communs et placés dans l'entrevoie. Les poulies de support ont 0^m,40 de diamètre, elles sont montées sur des paliers boulonnées sur les supports de la voie. Les poulies-guides employées dans les courbes ont 0^m,83 de diamètre et sont espacées de 1^m,35 les unes des autres. Les paliers de ces poulies sont à rotule de manière à ce qu'elles puissent prendre la direction voulue. Grâce à la disposition des gorges des poulies, les deux câbles peuvent marcher côte à côte sans se chevaucher.

Un passage souterrain de 1^m,20 de largeur et de 1^m,80 de hauteur ménagé dans l'entrevoie dans toute la longueur des courbes permet de voir et de surveiller toutes les poulies, la paroi intérieure du cuvelage étant supprimée sur tout la longueur du souterrain.

Le souterrain est recouvert avec des fers à I qui supportent le pavage. Une canalisation souterraine électrique est ménagée dans toute la longueur de la ligne. La canalisation est destinée aux signaux électriques qui permettent à tout conducteur de commander l'arrêt des câbles à la station de force motrice, si un accident venait à se produire.

Le pavage est en granit, et on cite pour donner une idée de l'intensité de la circulation dans la partie Sud, centre commercial de New-York que certaines parties du pavage dans Bowery étaient déjà usées avant que la ligne ne fut mise en service. Toutefois nous ajouterons qu'un pavage comme on en fait à Paris aurait mieux résisté, l'entretien des chaussées étant très médiocre en Amérique et le granit employé ne nous ayant pas paru d'une très grande dureté.

Force motrice

Les deux stations de force motrice sont situées l'une à la 65e rue entre deux sections, l'autre à la 6e rue à l'origine de la troisième.

La station principale à la 65e rue comprend un grand bâtiment couvert en acier et verre occupant une surface de 70 mètres sur 90. Des bâtiments sont en construction pour servir au remisage et à l'entretien du matériel roulant aux ateliers et aux bureaux.

La station de Bowery occupe un rez-de-chaussée qui doit être surmonté de 9 étages destinés à être mis en location pour des bureaux ou des sociétés industrielles, six ascenseurs desservent la maison; la force électrique servant à la manœuvre des ascenseurs et à l'éclairage de la maison est fournie par la station du câble.

La principale station comprend trente-deux chaudières à petits éléments de 125 chevaux chacune disposées en quatre batteries de chaque côté d'un passage, dans l'axe duquel et à une extrémité se trouve la cheminée qui a 70 mètres de hauteur, les magasins à combustibles qui peuvent contenir 8 000 tonnes sont placés au-dessus des chaudières, le charbon descendant par la gravité est chargé automatiquement dans les foyers. La canalisation de la vapeur est disposée de telle façon qu'on puisse mettre en marche tel ou tel groupe de chaudières et envoyer cette vapeur à l'une ou l'autre des quatre machines.

Ces quatre machines sont à distribution Corliss de 1 500 chevaux chacune, deux d'entre elles sont accouplées directement aux extrémités de l'arbre de couche principal, deux autres sont accouplées sur un arbre intermédiaire qui transmet sa force un moyen de 22 câbles en coton, l'arbre principal a 51 mètres de longueur et a $0^m,55$ de diamètre, il est en six parties assemblées par des plateaux.

L'arbre porte 4 poulies de $2^m,70$ de diamètre à vingt deux gorges; ces poulies sont folles sur l'arbre mais peuvent être embrayées par le système Walker. Nous donnons fig. 77 à 83, divers types d'embrayages.

Les poulies commandent les arbres portant les tambours des câbles de la ligne au moyen de câbles en coton, chaque poulie portant 22 câbles; Des poulies de $210^m,30$ de diamètre sont calées sur les arbres des tambours. la distance des arbres commandés par les câbles de coton est de 16 mètres,

La disposition est telle que les deux tambours d'un même câble sont commandés en même temps.

Les tambours ont cinq mètres de diamètre et sont montés en porte-à-faux, les extrémités des arbres sont entretoisées par une bielle mobile qu'on peut sortir pour mettre le câble en place.

Les rapports sont calculés pour que la vitesse de rotation des machines motrices étant de 65 tours à la minute, le câble possède une vitesse de 14500 mètres à l'heure.

Le circuit de tension a 85 mètres de longueur et est situé entre les tambours et la chaussée, le câble après avoir passé sur la poulie du chariot tendeur revient à une poulie placée en face des dévidoirs d'où il se dirige ensuite dans la voûte de la ligne.

Deux petites machines verticales permettent de mettre en marche à faible vitesse l'arbre des tambours soit pour tourner les gorges des poulies, soit pour inspecter le câble.

Tous les paliers sont boulonnés sur un bâti général en fonte extrêmement pesant et de plus ancré aux fondations qui sont en briques et ciment de Portland, il importe en effet qu'aucun ébranlement ne puisse se produire dans les fondations ni aucun dérangement dans le parallélisme des tambours ou des poulies.

Toute la machinerie est desservie par un pont roulant supérieur de trente tonnes de puissance actionné par l'électricité.

L'éclairage est également obtenu au moyen de l'électricité.

La station de Bowery a 16 chaudières et deux machines motrices commandant les tambours des trois câbles, mais le réglage de la tension n'est pas disposé de la même manière, il est intercalé entre les tambours, on a évité ainsi une poulie de renvoi.

Les machines et les tambours sont placés dans le sous-sol à 12 mètres en contre-bas de la voie publique, toutefois les chaudières sont au rez-de-chaussée ainsi qu'un atelier de petit entretien des machines.

La puissance totale en chevaux des deux stations atteint 9000 chevaux.

La construction de la ligne a rencontré les plus grandes difficultés, il a fallu, non seulement changer les fondations de beaucoup de piles de l'Elevated mais encore déplacer un grand nombre de conduites de gaz d'eau, d'électricité, de vapeur etc, etc.

Aucun règlement n'entravant la pose des canalisations, on voit l'enchevêtrement absolument inextricable devant lequel on se trouvait ; si peu profonds que fussent les travaux on n'en a pas moins été obligé de déplacer et de modifier toutes les canalisations (pl. 79-80, fig. 5). Dans certains points il a fallu même faire de véritables égouts recevant les conduites qui sont alors supportées par des sommiers en fer. L'égout est assez grand pour permettre la visite et la réparation des canalisations.

Il a fallu également assurer l'écoulement des eaux dans les puits des poulies, et de ceux-ci dans les égouts ; cet écoulement des eaux a été assuré au moyen de tuyaux en poterie de 0ᵐ,20 de diamètre, un siphon est installé à chaque débouché dans l'égout.

Dans certains points bien que l'excavation nécessaire à la construction de la voie n'a que 1ᵐ,10 de profondeur, il a fallu, soit pour la fondation des puits de poulies, soit pour des déplacements d'égouts ou de piliers des Elevateds descendre à 15 mètres dans les sables fluents.

Les traités passés avec les premiers entrepreneurs comportaient un prix forfaitaire de 700 000 francs par kilomètre de double voie mais, l'entrepreneur fut obligé de résilier son contrat, l'entreprise fut divisée en plusieurs lots et les dépenses ont dépassé de beaucoup les prévisions du premier marché à cause des servitudes sans nombre qui ont été rencontrées et qui ne pouvaient être prévues à l'avance en l'absence des documents nécessaires.

On peut pensons-nous évaluer la dépense totale y compris les stations de force motrice et le matériel roulant à 1 500 ou 1 600 000 francs le kilomètre.

Nous complétons nos renseignements par les planches 81 et 82 qui sont relatives à l'installation des machines, des chaudières et aux volants à gorges multiples de 32 tonnes.

CABLE DE BROADWAY

Le câble de Broadway est le plus chargé comme trafic de New-York; il se compose de quatre sections :

1° Section de South Ferry à Bowling green. . .	400 mètres
2° Section de Bowling green à Newton street .	3.200 »
3° Section de Newton street à la 37ᵉ rue. . . .	2.800 »
4° Section de la 37ᵉ rue à Central Parc et à la 59ᵉ rue	1.600 »
Total du parcours simple.	8.000 mètres

Les supports de la voie sont en fonte, et pèsent 250 kilogrammes; ils ont 1ᵐ,95 de longueur, 0ᵐ,93 de hauteur et 0ᵐ,30 de largeur à la base ; ils sont espacés de 1ᵐ,80 d'axe en axe; ils reposent sur des fondations de 0ᵐ,40 d'épaisseur en béton de ciment; les parois latérales du cuvelage, également en béton, sont montées en dessous des rails et viennent supporter le pavage contre le rail; le conduit à 0ᵐ,60 de profondeur sur 0ᵐ,38 de largeur. Les poulies de support sont espacées de 10 mètres en 10 mètres; elles ont 0ᵐ,36 de diamètre. A droite de ces poulies, un puits couvert par une plaque en fonte, en permet la visite et l'entretien. Ce puits a 1 mètre de largeur sur 0,ᵐ90 et 1 mètre de profondeur.

Les rails sont à gorge et pèsent 45 kilogrammes le mètre courant; les éclisses sont très fortes.

Les barres, formant les côtés de la rainure, sont en acier profilé en Z, pesant 34 kilogrammes le mètre courant, elles ont $0^m,210$ de hauteur : la rainure n'a que 20 millimètres de largeur.

Dans les courbes, un souterrain a été ménagé latéralement de manière à pouvoir visiter les poulies (pl. 83-84). Nous donnons les croquis de cette pose (fig. 1 et 3), et la forme de la voie en alignement droit (fig. 2). Nous donnons également (fig. 6) des vues montrant les difficultés rencontrées dans la pose de la voie; les figures 4 et 5 donnent la vue et le plan de la boucle de Bowling Green.

La ligne, étant exploitée avec deux câbles, de manière à ne pas être obligé de suspendre le service en cas de rupture d'un des câbles, le problème déjà si difficile du passage dans les courbes était rendu encore plus compliqué.

Nous indiquerons, (pl. 85), le dispositif adopté. La figure 53 est une coupe par l'axe des poulies. On voit que les poulies sont un peu en retrait l'une sur l'autre; les jantes sont dissymétriques; dans le but de replacer le câble sur la poulie qui lui appartient, on fait précéder chaque groupe de poulies d'un guide indiqué figure 54. Ce guide est maintenu en place par deux ressorts à boudin qui cèdent au passage du grip.

La disposition de ce guide est telle que si c'est le câble supérieur qui est en prise dans le grip, le rebord du guide vient le prendre quand le grip est passé et le dirige sur sa poulie. Si au contraire, le grip est en prise sur le câble supérieur, le guide se relève et force le câble à passer en dessous de lui pour prendre la poulie supérieure qui est la sienne. Ce dispositif, très simple, donne toute satisfaction. La fig. 1, pl. 86 donne une coupe et un plan de la pose de la voie en courbe. Enfin, pour terminer ce qui regarde la voie proprement dite, la figure 57 donne en perspective la vue d'une aiguille et d'un croisement, et la figure 2 une traversée de deux voies de tramways à traction par câble. On remarquera que les supports dans les joints spéciaux sont construits en fer profilé. Il eût été trop coûteux, en effet, de couler des pièces spéciales pour tous les points spéciaux de la voie. L'aiguillage du grip se fait, comme on le voit, d'une manière fort simple. Il a été prévu plusieurs de ces aiguillages, de manière, en cas d'accident, à pouvoir faire passer un car d'une voie sur une autre : bien entendu, il faut que le grip abandonne le câble.

Machines motrices

La force motrice est constituée par deux machines Corliss de 1 000 chevaux chacune. La chambre des machines a 82 mètres de longueur sur 33 mètres de largeur (pl. 87).

Ces machines sont directement attelées aux extrémités d'un même arbre de couche, ayant 0^m,45 de diamètre, avec fusées de 0^m,50 sur les portées de calage où viennent se fixer deux volants pesant 50 tonnes chaque; l'arbre est en six parties assemblées par des plateaux. On peut ainsi conduire un câble séparément de l'autre, n'avoir qu'une machine en service, etc., etc. Les poulies de commande, portant 13 gorges, ne sont pas calées, mais embrayées au moyen d'un embrayage à friction. Les poulies volants, calées sur les arbres des tambours des câbles, pèsent 66 tonnes, et sont commandées par 13 câbles sans fin en coton. Ces volants sont calés sur des arbres en acier creux. Chaque arbre des deux rangées de tambours est commandé séparément par l'arbre de couche des machines motrices, ainsi que l'indique la figure 2. Les tambours des câbles ont 4 mètres de diamètre; les jantes sont amovibles.

Dans le cas où un câble est arrêté pour une réparation ou un changement, il n'est pas nécessaire, pour le faire rentrer, de mettre en marche la machine arrêtée : une petite machine spéciale (fig. 3) est disposée de manière à pouvoir actionner les tambours. Cette machine a deux pignons dentés qui peuvent attaquer, soit une extrémité, soit l'autre de l'arbre. Les fondations sont en béton de ciment, ainsi que tous les supports des bâtis. C'est la condition indispensable pour que le fonctionnement du câble soit régulier. La figure 71 donne le système employé pour régler la tension du câble. Le chariot, porteur de la poulie de retour, est tiré en arrière au moyen d'un contre poids ; mais, au lieu de descendre dans un puits, le câble de tension passe sur une poulie montée au haut d'un beffroi de 15 mètres de hauteur (fig. 71).

Chaudières (fig. 64). — Nous donnons une vue de la chambre de chauffe de la station de Uptown comprenant six chaudières de 250 chevaux chacune, le type adopté est la chaudière Heine (pl. 88-89).

Dans la Front street station, dont nous donnons la disposition des machines figure 62, il n'y a qu'un groupe de tambour, cette station est uniquement destinée à conduire le câble de la boucle entre Bowling green et South ferry.

La station de Houston (pl. 88-89-90) comporte une installation de quatre machines de 500 chevaux.

Tramways à Câbles de Los Angeles

Le réseau des tramways à câbles de Los Angeles est un des plus beaux des Etats-Unis, commencée au moment d'une fièvre de spéculation comme l'Amérique en donne trop souvent l'exemple, cette entreprise a été établie sur un pied beaucoup trop grand, tout a été prévu pour un réseau de 90 kilomètres alors qu'il n'y a que 33 kilomètres de construits.

La ville qui couvre 72 kilomètres carrés est très disséminée, comme toutes les villes construites hâtivement en Amérique ou la spéculation cherche à attirer de son côté le centre encore indécis de l'agglomération. Aussi une partie des machines et des chaudières ont seules été montées, encore certaines machines sont découplées. Le réseau n'en constitue pas moins une remarquable installation qui correspondrait bien à un système complet pour une grande ville, c'est à ce titre que nous avons cru devoir l'étudier.

Les stations de force motrice sont au nombre de trois, elles sont parfaitement installées et ont été prévues de manière à recevoir neuf étages devant être loués à des tiers. L'Usine centrale, la « Grande Avenue station » est située au coin de la grande Avenue et de la 7e rue.

Les chaudières du système Napleton sont au nombre de deux, de 500 chevaux chacune, elles sont toutes chauffées au moyen de pétrole brut. La force motrice consiste en une machine compound de 750 chevaux de force, mais en service ordinaire le cylindre de haute pression est seul mis en marche puisqu'il suffit de 200 chevaux.

La station était prévue pour actionner quatre câbles mais trois seulement ont été mis en service.

Les tambours devaient être accouplés par deux gros câbles en coton, à cet effet ils ont reçu deux larges gorges, mais en service il a été reconnu que cet accouplement n'était pas nécessaire et on a retiré les câbles de coton.

La vitesse des câbles a été fixée à 13 kilomètres à l'heure. Les trios câbles desservis par cette usine de force ont 6000, 4500 et 4300 mètres de longueur l'un de ces câbles a fait 1258 jours de service, avec un parcours de 336000 kilomètres.

L'épissure d'un câble est répartie sur 24 mètres de longueur. Le remplacement d'un câble par un autre, prêt à être épissé, ne prend que 50 minutes y compris l'enlèvement de l'ancien câble, l'épissure se fait en une heure et demie.

Le poids tendeur s'élève à 8 tonnes pour le grand câble et à 6 t.,500 pour les deux autres.

Le réglage de la tension est automatique.

Le câble en s'allongeant détermine la rotation d'un tambour portant une gorge en spirale. La chaîne portant le contrepoids s'enroule sur la spirale de manière à ce que le bras de levier du contrepoids croisse avec l'allongement et par conséquent la charge de tension croit en même temps.

Les vieux câbles sont retirés au moyen d'un petit treuil à vapeur monté sur un truck.

Une erreur grave a été commise dans la construction de cette station nous l'avons retrouvée au reste en Angleterre, l'usine est établie au bas d'une rampe et dans de telles conditions que par les violents orages, l'eau venant par les conduits des câbles arrive directement dans la chambre des machines, de manière à compromettre gravement le service. En général les machines et les tambours sont au-dessus du sol. Les deux autres stations sont semblables à la précédente, nous dirons toutefois que la seconde possède un câble ayant 1310 jours de service et qui était estimé pouvoir marcher encore 200 jours.

La ligne est à la voie de 1^m,06 ; les rails pèsent 20 kilogrammes le mètre courant, et l'infrastructure métallique est en fer laminé. La ligne devait traverser les voies du Pacific railroad, on a construit à cet effet un viaduc reposant sur des piliers simples en tôle, le viaduc a 500 mètres de longueur, les rampes d'accès ont 18 millimètres par mètre d'inclinaison.

L'entreprise dans les conditions économiques ou elle se trouve, est loin d'être fructueuse, les énormes installations prévues pour un développement considérable l'écrasent, on étudie en ce moment la modification des stations, la concentration des machines et des chaudières en un seul point, les câbles des différentes stations étant actionnés par des dynamos recevant la force motrice de la station centrale.

La Municipalité ne s'opposant pas à la pose de conducteurs électriques aériens il y a lieu de se demander si le résultat économique sera bien remarquable.

Nous donnons (pl. 91), des croquis du viaduc, de la ligne avec le grip dans la canalisation et du rail, un pointillé indique le contre-rail employé dans les courbes.

Tramways à câble de San Francisco
(Planche 91)

Avant de revenir aux États de l'Est et aux Tramways à câbles de Chicago, nous nous arrêterons à ceux de San Francisco. C'est là qu'ils ont vu le jour en 1873, et c'est là qu'ils ont pris un développement considérable. La topographie des lieux est telle qu'on peut dire que, sans les câbles, San Francisco aurait vu son développement retardé de vingt ans, jusqu'à l'apparition de la traction électrique, car, sans moyen mécanique, l'exploitation des lignes n'était pas possible.

La ville est en effet construite sur un terrain accidenté, succession de vallées et de collines qui atteignent jusqu'à 300 mètres de hauteur. La ville n'a pu se développer en largeur qu'à la condition de gagner du terrain sur la baie, une bande de près de deux kilomètres de largeur a été aussi remblayée, c'est la seule partie horizontale de la ville qui s'étende sur une longueur de 14 kilomètres avec une largeur maximum de 6 kilomètres.

Le réseau total des tramways atteint 384 kilomètres, exploité par des chevaux, la vapeur, l'électricité et les câbles. Ces derniers, pour leur part, détiennent 170 kilomètres. Les lignes exploitées par les câbles sont de beaucoup les plus importantes, on réserve, en effet, à notre avis avec raison, la traction électrique aux lignes qui ne sont pas assurées d'un trafic considérable.

En 1892, les câbles ont transporté 92 981 606 voyageurs payants, sans compter les voyageurs circulant avec des correspondances dont on se montre très généreux à San Francisco. L'exploitation est parfaite, c'est, à notre avis, la meilleure des États-Unis, la régularité est absolument remarquable, tout est bien entretenu, propre, et les conducteurs, grâce peut-être à la prédominance de l'élément Latin dans la population, sont polis et bien élevés.

Les voies sont bien construites, le pavage est en bazalte. L'asphalte primitivement employé était d'assez mauvaise qualité.

Le réseau des câbles de San Francisco est dû à M. Hallidi, inventeur du système, et, à l'heure actuelle, à la tête de toutes les lignes de câbles.

Il y a loin de la première ligne construite en 1873, aux lignes actuelles, cependant on y retrouve toutes les marques distinctives du système. A l'origine, les câbles étaient conduits à la vitesse de 6500 mètres à l'heure, la vitesse a doublé depuis cette époque, mais on peut reprocher certaine section s'éloignant du centre et circulant dans des rues peu fréquentées de ne pas aller aux vitesses courantes dans l'Est, ou on marche normalement à 15 et 16 kilomètres à l'heure.

Nous ne remonterons pas à l'historique si intéressant des câbles à San Francisco et nous aborderons la description des installations actuellement en service. La première des compagnies que nous allons passer en revue est la California Street Câble Railway Company.

Les lignes de cette compagnie embrassent 18 kilomètres de voies, la largeur de la voie est de 1^m,066. La ligne est exploitée en deux sections, l'une suivant California Street est en ligne droite, l'autre comporte beaucoup de courbes et suit plusieurs rues, les deux sections présentent des rampes très fortes, l'une d'elle atteint 21 %, les autres déclivités ne dépassent pas 16 et 18 %, mais sont fréquentes.

Les deux lignes sont exploitées par une seule usine de force motrice.

Cette usine est installée dans une construction en briques à trois étages, couvrant un terrain de 38 mètres de côte. Les machines motrices sont installées dans le soubassement, pendant que les étages supérieurs sont utilisés pour le remisage et l'entretien des voitures et du matériel, les différents étages sont desservis par un monte-charge permettant d'élever les voitures à la hauteur voulue.

La machine motrice présente des caractères spéciaux. C'est une machine à triple expansion dont les cylindres ont respectivement 0^m,355, 0^m,508 et 0^m,760 de diamètre, avec une course commune de 1 m. 320. Mais les trois machines sont placées très loin les unes des autres, le cylindre d'admission et le cylindre d'échappement sont attelés directement à chaque extrémité de l'arbre de couche, sur plateaux manivelles, pendant que le cylindre intermédiaire agit sur le même arbre, au moyen d'un coude équilibré, les têtes de manivelles sont à 60 degrés les unes par rapport aux autres. Les deux grands cylindres ont des contretiges de piston avec des guides support pour combattre la tendance à l'ovalisation (pl. 91).

La vitesse de rotation est de 61 tours à la minute, correspondant à une force de 500 chevaux. En moyenne l'exploitation de la ligne ne demande que 350 chevaux.

La distribution est du système O'Neil ; chaque cylindre ayant son arbre spécial de commande actionné par une vis sans fin calée sur l'arbre principal. Toutefois les trois régulateurs sont accouplés de manière à ce que toute variation dans l'effort soit supportée également par les trois machines.

Les réservoirs de vapeur intermédiaire sont placés en dessous du sol, ils ont un volume égal à celui des cylindres qu'ils desservent, ils sont à enveloppes de vapeur de même que les cylindres. La tuyauterie est disposée de manière à admettre la vapeur à haute pression dans l'un ou l'autre des cylindres, et même dans les trois à la fois. Cette disposition qui permet cinq combinaisons donne la faculté de mettre en réparation l'une ou l'autre machine, et évite d'avoir besoin d'une machine de réserve. On peut marcher en compound avec le premier et le troisième cylindre, ou le premier et le second, ou le second et le troisième, ou en haute pression dans chaque groupe.

La pompe du condenseur est actionnée directement par l'arbre de couche principal. L'eau de condensation est refroidie par un système de déversoir, de manière à pouvoir être utilisée à nouveau.

Les chaudières sont, au nombre de trois, du système Babcock et Wilcox de 120 chevaux chaque, mais deux sont normalement en service ; le combustible est de la houille du pays de Galle, revenant à 42 fr. 50 la tonne. Ce combustible vient comme lest à bord des bateaux qui viennent charger en Californie des blés et des bois.

La dépense de combustible est d'environ 6 tonnes (coûtant 255 fr.), par jour de marche, pour actionner les deux lignes sur lesquelles se trouvent en service continu 45 cars ; les chaudières étaient primitivement chauffées au moyen d'un chargeur mécanique, mais on a introduit depuis quelque temps l'emploi de l'air soufflé à 12 millimètres d'eau de pression, au moyen d'un ventilateur Sturtevant, l'économie qui résulte de cette modification atteint, paraît-il, 20 %. Les six tonnes de houille ne donnent pas plus de 350 kilogrammes d'escarbilles et de cendres.

La force est transmise à l'arbre des tambours par 18 câbles en coton de 50 millimètres de diamètre, la poulie conductrice à 2^m,10 de diamètre, et la poulie conduite 7^m,60. L'arbre de couche a 20 mètres de longueur et porte à chaque extrémité deux groupes de tambours, ces der-

niers ont 3^m,60 de diamètre et la vitesse du câble est seulement de
12k.500 à l'heure, cette vitesse a été ainsi limitée à cause des déclivités
considérables qui sont réparties sur le parcours.

L'allongement du câble et sa tension sont réglés d'une manière toute
différente que dans les exemples que nous avons cités. Les deux tambours d'entraînement d'un même câble ne sont pas accouplés. Un seul
est moteur et donne le mouvement d'entraînement ; l'autre est fou sur
son axe.

Les paliers de ce dernier tambour sont supportés par un bâti mobile
glissant sur deux chemins de glissement en fonte, une vis commandée
par un écrou permet de faire avancer ou reculer le châssis portant les
paliers du tambour.

L'écrou de rappel est commandé par un cliquet à rochet qui est mis
en mouvement, lorsqu'il en est besoin en attachant un câble à un point
excentrique de l'arbre de couche, le mouvement alternatif qu'on obtint
ainsi bien facilements ert à régler l'espacement des tambours, par suite
à compenser l'allongement du câble.

Les déplacements du tambour sont à l'allongement ou au raccourcis-
sement du câble dans le rapport de 1 à 8, avec quatre spires de câble.

La tension du câble est réglée par une poulie agissant sur le brin
conduit du câble; cette poulie est supportée par un bras de levier à
l'autre extrémité duquel se trouve des contrepoids ; ces contrepoids
viennent s'ajouter les uns aux autres automatiquement au fur et à mesure de l'allongement, le poids ainsi introduit dans la tension ne dépasse
pas 1000 kilogrammes.

Le levier vient s'appuyer sur un piston se déplaçant dans un cylindre ; de l'air est emprisonné derrière le piston dans le but de servir de
matelas en cas d'arrêt brusque ou de rupture du câble, de manière à
éviter un rappel brutal de la poulie de tension : cette poulie a 2^m,400 de
diamètre.

Le bâti du tambour mobile ayant 9 mètres de longueur, en peut donc
compenser 72 mètres du câble avec quatre tours et 90 mètres avec cinq
enroulements.

Cette disposition, en outre de permettre d'installer les machines dans
un emplacement plus réduit, présente l'avantage d'éloigner les tambours à une assez grande distance pour que, en cas d'usure inégale des
gorges d'enroulement, les inégalités de charges se fassent moins sentir,
puisqu'elles agissent sur une plus grande longueur du câble.

Les câbles neufs de rechange sont toujours disposés sur des bobines de chaque côté de la chambre des machines.

L'épissure des câbles est une opération très surveillée, et il y a un agent spécial affecté à ce service, à cet effet, toute une série d'épissoirs sont toujours prêts ainsi que des maillets en bois dur, des cisailles pour couper des torons, etc.

Les vieux câbles sont vendus à des fonderies qui les passent au cubilot avec des fontes fines pour obtenir des fontes dures.

La station de California street conduit quatre câbles, le premier à 5 700 mètres, le second 4 350 mètres, le troisième 4 050 mètres, et le quatrième 3 750 mètres.

La durée moyenne des câbles atteint 16 mois. Le diamètre des câbles est de 25 millimètres; ils sont composés de six torons de 9 fils chaque; deux numéros de fils entrent dans la composition du câble; le n° 14 et le n° 16. Ils proviennent de la California Wire Works.

La force nécessaire pour faire marcher à vide les quatre câbles représentant une longueur totale de 17 850 mètres, à la vitesse de 12k800 à l'heure, est de 182 chevaux. A 10 000, la force n'est plus que de 131 chevaux; enfin, à la vitesse de 6 k, 5, cette force n'est plus que de 87 chevaux. Les résistances dues au frottement croissent donc beaucoup avec la vitesse.

Le parcours total journalier de 45 cars en service atteint 5 817 kil.

La pratique a sanctionné l'emploi des machines que nous avons décrites, la Compagnie se déclare absolument satisfaite de l'installation qui ne pêche que par l'insuffisance des chaudières, défaut facile à corriger en ajoutant un groupe de générateurs en plus.

Le conduit a sur les deux lignes environ 0,75 de profondeur. Les supports sont, sur une ligne, en vieux rails assemblés par des cornières; sur l'autre en fers profilés; mais, dans les deux cas, ils sont noyés dans un cuvelage de béton; dans California street, le rail pèse 19 kilogrammes; il date de 1878, et est encore en état de service.

Les poulies de support sont en fonte très dures; elles sont coulées sur un axe en fer qui est ensuite tourné; elles ont 23 et 30 centimètres de diamètre; elles sont posées sous la voie sans puits d'accès; elles sont simplement recouvertes par un couvercle en fonte ou en tôle. Pour ces derniers, on prend de la vieille tôle à chaudières sur laquelle on rive des rivets de manière à les rendre moins glissants. Le drainage n'est assuré qu'à de longs intervalles et au bas des pentes.

Les poulies directrices du câble dans les courbes sont en fonte ordinaire. Trois des courbes de la ligne de Hyde street, sont parcourues par la gravité, le câble coupant au plus court; trois autres sont suivies par le câble qui remorque les cars.

Il y a un grand nombre de points où la présence de poulies-guides est nécessaire pour obliger le câble à suivre les changements de pente de la voie. Les poulies supérieures demandent beaucoup d'entretien ; cela tient à leur installation un peu primitive, les poulies sont montées par paire aux deux extrémités d'un levier parallèle à l'axe de la voie et pouvant osciller autour d'un axe horizontal. Le grip soulève d'abord la première poulie, puis la seconde quand la première est revenue après son passage s'appuyer à nouveau sur le câble. Les poulies ont 125 millimètres de diamètre.

Ce système fonctionnerait très bien si des dispositions avaient été prises pour permettre l'emploi de poulies d'un plus grand diamètre, de manière à diminuer leur vitesse de rotation, et aussi de visiter facilement le levier de support de poulies.

Les croisements sont fréquents avec d'autres lignes à câbles ; dans certains, il est nécessaire d'abandonner le câble quand il passe au-dessous du câble de la ligne croisée il faut également alors abaisser le câble croisé au moyen d'un système de leviers, pour qu'il ne soit pas rencontré par le grip. Ces joints spéciaux sont franchis, soit en vertu de l'inertie, soit en vertu de la gravité ; l'abaissement des câbles traversés, se fait soit automatiquement, soit au moyen d'un agent spécial à demeure sur le croisement. Un poste de vigie avec une cabine et des signaux est installée à l'angle de Californie et de Powells street, point ou la circulation est très active et ou la ligne de la compagnie traverse le câble de la compagnie des omnibus.

La Compagnie possède 52 cars dont 25 sont habituellement en service; ces cars sont fermés seulement dans la partie centrale ; les extrémités sont découvertes ; il n'y a que 33 places assises mais il y monte souvent jusqu'à 120 voyageurs.

Les cars reposent sur deux trucks à deux essieux.

Les freins agissant sur les roues sont disposés de manière à ne pas pouvoir les caler; l'arrêt sur les fortes pentes, ou, en cas de danger, devant être obtenu au moyen d'un frein à sabot venant porter sur les rails.

La ligne de Californie street est exploitée avec des grips à mâchoires horizontales, mais sur la ligne de Hyde |street, le grip est à serrage vertical, cette disposition a été reconnue nécessaire à cause des fréquents abandons de câble qu'on est obligé de subir. Les garnitures des mâchoires des grips durent environ trois semaines. Une boîte à sable est disposée de manière à sabler le rail pour les arrêts rapides.

Les conducteurs et les gripmans,— nous sommes obligés de conserver ce mot n'en possédant pas de correspondant dans la langue française, — sont payés 12 fr.50 par journée de 12 heures, mais ils ont 45 minutes pour déjeuner. Les conducteurs déposent 125 francs de cautionnement et doivent s'habiller.

Les poseurs de la voie reçoivent de 300 à 350 francs par mois, les chauffeurs de 325 à 350, les mécaniciens 500 francs ; le personnel de la station comprend deux mécaniciens, trois chauffeurs, deux graisseurs et un homme chargé de l'entretien du câble. Il y a en outre 12 hommes maçons, ferreurs, forgerons, etc., etc., attachés à l'atelier d'entretien. Le nombre total du personnel s'élève à 215 hommes.

La surveillance ne s'exerce sur le personnel que pendant le service, cependant si on vient à apprendre qu'un agent est vu dans les bars, les salles de jeu etc., il est aussitôt congédié.

Le rez-de-chaussée du dépôt des cars étant plus élevé que la rue, les voitures sont remorquées par un câble s'enroulant à une extrémité sur un treuil à vapeur, et de l'autre accroché au car, la voie de départ est en pente en sorte que les cars sont sortis de la remise par la gravité ; un pont roulant permet de les garer sur l'une ou l'autre voie ou de les placer sur la plate-forme du monte-charge.

Market street Company

Cette compagnie possède 42 kilomètres de ligne exploitées par des chevaux, 16 par des locomotives à vapeur et 58k,500 par des câbles.

La force totale des machines réparties en quatre stations s'élève à 3000 chevaux.

Toutes les lignes, à l'exception d'une seule, exploitée par des voitures remorquées par un petit car portant le grip, possèdent des voitures à double truck portant leur grip : elles sont du type mixte c'est-à-dire que la partie centrale seule est fermée, les deux extrémités étant munies de main-courante pour permettre aux voyageurs de se tenir debout sans ombre ; ces cars sont au nombre de 170. Pour la ligne mentionnée plus haut il y a 89 grips cars avec autant de voitures ordinaires qui leur sont attelées. Les voitures mixtes sur boggies coûtent 10 000 francs et pèse 5 tonnes à vide; les roues sont en fonte et ont 0^m,60 de diamètre.

Les lignes sont très chargées, sur l'une d'elles celle de la rue Basse du Marché, les départs ont lieu toutes les quinze secondes, les voitures sont tournées à une extrémité sur une plaque tournante, celle-ci est à deux voies de manière à ce qu'une voiture entre sur la plaque pendant qu'une autre en sort, la plaque est mise en mouvement par un renvoi pris sur la poulie de retour du câble (fig. 75).

La paie des conducteurs et des gripmans est de 1 fr., 10 de l'heure et la journée est de 12 heures mais ils ont 1^h,20 pour le déjeuner et ne travaillent que six jours par semaine, pour les autres agents la paie est la même que celle que nous avons déjà indiquée. Les conditions de cautionnement et d'habillement sont les mêmes.

L'usine de force motrice de Market street se compose d'une construction en briques ayant 75 mètres de longueur sur 25^m,5 de largeur et un seul étage, la cheminée a 45 mètres de hauteur.

Les machines sont au nombre de deux, type compound, à distribution O Neil par soupapes, sans condensation, à la vitesse de 56 tours à la minute, chaque machine peut donner 800 chevaux, la conduite des câbles ne demande que 600 chevaux. Une des machines est en réserve.

Les chaudières sont du type Babcock et Wilcox, elles sont au nombre de six et représentent une force totale de 1 320 chevaux, il y a donc réserve complète de chaudières comme de machines.

La dépense en combustible, provenant d'Angleterre, soit de charbon gras d'Australie, s'élève à 6 000 kilogrammes par jour pour conduire en moyenne 120 cars à la fois. Les tambours des câbles sont commandés par un pignon à dents en chevrons engrenant sur une roue dentée calée sur leur arbre. Chaque machine peut commander un pignon semblable mais ils peuvent être débrayés l'un ou l'autre.

La force motrice tendant à devenir trop faible on se décide à séparer les tambours des deux câbles et à les commander séparément par chaque machine, mais la réserve ne sera plus assurée.

La tension du câble est obtenue de la manière ordinaire au moyen d'une poulie de retour reposant sur des paliers à glissière, le contrepoids ne dépasse pas 4 000 kilogrammes, on l'a reconnu un peu faible car le câble ne passe qu'une fois sur chaque tambour et il a plus de tendance à glisser que quand il fait plusieurs tours.

Un atelier de réparation est adjoint à l'usine, cet atelier comprend forgerons, ferreurs, menuisiers, etc., on y fait aussi les fourrures des grips, ces fourrures qui ne durent que six ou sept jours sont faites avec un alliage de cuivre, de zinc et un peu d'étain.

Une partie des cars sont construits dans les ateliers.

Nous n'entrerons pas dans la description détaillée des autres stations de force motrice de la même compagnie, les dispositions générales sont les mêmes, la force seule varie, ainsi que les appareils compensateurs de l'allongement du câble; là où la place a manqué on a adopté la disposition qui consiste à monter un des tambours sur des paliers mobiles déplacés soit par une vis, soit par un contrepoids.

Les câbles sont enduits de gondron de Norvège mélangé à de l'huile de lin crue et à un peu d'huile de castor. Cet enduit a pour objet de protéger le câble au moment du serrage et du desserrage du grip. La durée des câbles varie de un an à quinze mois.

La Compagnie fabrique elle-même ses câbles; elle emploie une machine inventée par M. H. Boot, de San Francisco. Cette machine est verticale et comporte trois plateaux horizontaux montés les uns au-dessus des autres sur un arbre central creux; le plateau inférieur a 6^m,100 de diamètre.

La plate-forme inférieure est munie de supports recevant les bobines sur lesquelles les fils d'acier sont enroulés, les supports sont animés d'un mouvement double de rotation permettant à la bobine d'enrouler le fil sans le tordre.

Chaque groupe de bobines fabrique un toron, les six torons sont ensuite enroulés autour d'une âme centrale en chanvre qui passe verticalement par l'intérieur de l'arbre central.

La machine motrice conduisant cette fabrication a 15 chevaux de force, et trois hommes suffisent à tout le travail.

Cette machine est disposée pour la fabrication des câbles en fils ronds; elle devrait être modifiée pour la fabrication des câbles en fils profilés dont nous parlerons plus loin.

La Compagnie possédant le deuxième grand réseau de San Francisco est l'Omnibus Cable Company qui exploite 56^{km},500 de tramvays à câble.

La voie a, comme toutes les autres, 1^m,066 de largeur, le rail pèse 35 k. 5 le mètre courant. Le matériel roulant comprend 143 voitures sur boggie. L'exploitation est faite au moyen de deux stations de force motrice.

L'usine centrale comprend six chaudières de 250 chevaux de force chacune ; le combustible est de la houille provenant de la Colombie anglaise et coûtant 31 francs la tonne, ces houilles donnent 15 % de cendres et on en consomme 15 tonnes par jour.

Les machines motrices sont au nombre de deux, ce sont des machines compound développant 750 chevaux chacune à 59 tours à la minute.

Les machines sont placées en face l'une de l'autre, les cylindres d'admission d'un côté, les cylindres de détente de l'autre, les bielles agissent sur les mêmes manivelles. Il est nécessaire de démonter les bielles d'une machine pour ne marcher qu'avec l'autre.

Chaque machine possède sa pompe de condenseur actionnée par un levier attelé à la crosse du piston ; l'eau de condensation est déversée à la partie inférieure du bâtiment d'où elle est élevée au moyen de pompes ; elle se refroidit en descendant sur des plans inclinés.

La force motrice est transmise à l'arbre des tambours par l'intermédiaire de 22 câbles en coton. Ces câbles en coton ont une grande durée, nous en avons vus en service depuis quatre ans et en fort bon état.

L'allongement du câble est compensé de la même manière que dans le câble de Californie Street, mais la poulie de réserve est montée sur un châssis à glissières. Les câbles faisant cinq tours, l'allongement est compensé dans le rapport de 1 à 10.

La tension directe est de 15 à 1600 kilogrammes. En général, une recoupe du câble après quelques jours suffit et il est inutile d'en faire une seconde, en effet, la course du tambour mobile étant de 17 mètres, on peut compenser un allongement de 170 mètres.

La voie a été reconnue comme trop légère et la fatigue se manifeste surtout aux joints. Ceux-ci étaient primitivement supportés, il a fallu les mettre en porte-à-faux, mais bien que le mal soit largement atténué, et malgré l'emploi d'éclisses très fortes, le rail fléchit.

Des plaques tournantes sont installées à chaque tête de ligne ; elles sont actionnées par le câble, à cet effet une poulie horizontale est montée à proximité du câble et commande la plaque ; des leviers actionnant deux poulies permettent de venir faire appuyer le câble sur la poulie et déterminent ainsi son entraînement.

Les conducteurs et les gripmans reçoivent 12 fr. 50 par journée de 12 heures, comprenant les heures de repos ; les poseurs gagnent de 10 à 20 francs par jour ; les mécaniciens 550 francs par mois et les chauffeurs 375 francs, les gripmans et les conducteurs sont payés tous les 15 jours.

Les employés sont tenus de signer une déclaration sur laquelle ils s'engagent en entrant au service de la Compagnie à s'acquitter toujours loyalement de leurs devoirs et à ne faire partie d'aucun syndicat.

Comme dans toutes les autres Compagnies, il y a un certain nombre d'inspecteurs qui surveillent les opérations des conducteurs, ils sont en général pris parmi le personnel de la police de sûreté.

La « Presidio and Ferry Company » exploite environ 16 400 mètres de voie à câble ; cette installation est très primitive, les rails pèsent 20 kilogrammes et la voie est posée sur béton, le conduit étant simplement formé par des planches s'appuyant sur les supports.

Le câble est mis en mouvement par une machine Corliss compound de 300 chevaux, l'arbre de couche porte deux volants et une poulie de commande portant sept gorges recevant sept câbles de coton.

Le réglage du câble se fait au moyen du déplacement d'un des tambours de mise en marche des câbles.

Les gorges des poulies de dépression des câbles sont montés avec des jantes amovibles dont nous donnons un croquis, grâce à cette disposition, il est facile de charger rapidement une gorge usée pour la remplacer par une autre.

Nous ne continuerons pas l'énumération des Compagnies qui se partagent le reste du réseau. Elles ont toutes des dispositions analogues et on peut dire que le réseau de San Francisco, le premier en date, est aussi un des plus importants, il est du type que nous pourrions appeler le type de l'Ouest, en opposition avec le type de l'Est que nous avons décrit déjà avec le tramway de New-York et que nous allons étudier à nouveau avec les tramways de Chicago, de Washington, etc.

Le type de l'Ouest est établi d'une manière beaucoup plus primitive et plus économique, voie plus étroite, réduction de la canalisation, suppression des puits latéraux pour les poulies de support, suppression des galeries souterraines à la hauteur des croisements ou dans les courbes, emploi d'un simple câble, commande dans les stations de force motrice d'un seul tambour, l'autre étant entraîné par le câble lui-même, etc, etc. Toutes les dispositions qui correspondent à une économie sensible, s'expliquent dans un pays neuf ou il faut aller au plus pressé en ménageant ses capitaux le plus possible.

Il n'en serait pas de même à New-York, Boston, Chicago, etc;

villes faites et sûres de leur avenir, encore moins ces économies se-
raient-elles à leur place en Europe.

Il y a lieu de retenir l'emploi si ingénieux de la machine à triple expansion permettant la marche en compound avec deux cylindres sur
trois que nous avons décrits; c'est une solution qui permet une économie de place et d'argent sans compromettre le service, la réserve étant
toujours assurée.

Toutefois avant de quitter la région de l'Ouest, nous citerons encore
le système de tramways de Tacoma.

Cette ville dont le développement est tout récent, possède un système
de réseau très important, l'exploitation en est mixte, les lignes horizontales sont exploitées avec la traction électrique, au contraire les lignes
présentant des déclivités sont exploitées avec des câbles.

Pour le moment nous ne parlerons que des câbles.

La voie a 1^m,06 de largeur, les rails pèsent 33 kilogrammes le mètre
courant. Une seule ligne de câble est en exploitation, elle a 1 500 mètres
de longueur.

La station centrale de force fournit en même temps le courant électrique, et la force motrice pour le câble.

Ce dernier est commandé par une machine de 150 chevaux.

La voie présente plusieurs courbes, nous donnons la répartition des
poulies dans une courbe ainsi qu'une coupe de la voie et d'une poulie
guide.

La vitesse du câble est de 11 kilomètres à l'heure, et sa durée de
marche de 18 heures. Les supports sont en fonte, ils sont à 1^m,50 de
distance d'axe en axe dans les alignements droits et à 0^m,90 dans les
courbes. Tout le système tient dans une fouille de 1 mètre de profondeur. Le conduit est en béton, dans lequel les supports en fonte
sont noyés. Ce canal a 0^m,90 de profondeur, les rails de la rainure pèsent
22 kilogrammes le mètre courant.

Les pentes maxima ont 15 centimètres par mètre. Les véhicules en
service sont au nombre de sept, le câble a 33 millimètres de diamètre.

La ligne serait revenue à 325 000 francs par kilomètre, pavage en pierre
compris.

Nous dirons quelques mots en passant du système de câbles de Danver qui n'est en somme qu'une copie des dispositions adoptées dans
l'Est.

Danver au sujet duquel nous reviendrons en parlant des tramways

électriques, possède un système de tramway double, à traction électrique et à traction par câble, plusieurs des sections à câbles étant disposées pour être exploitées électriquement.

La traction électrique devant probablement être la seule employée
plus tard, nous ne nous arrêterons que peu sur ces installations.

En effet, les lignes à câbles ont été construites sur le côté de la chaussée, le milieu étant occupé par une ligne à traction de chevaux qui n'a
pas tardé à être ruinée par la ligne à câbles. Actuellement, la municipalité exige que la ligne en exploitation soit reportée sur l'axe de la chaussée. Il est probable que la compagnie reculera devant les dépenses d'une
installation à câble et adoptera la traction électrique d'une manière
générale. Les rues ne présentant pas de déclivités la traction électrique
est absolument indiquée, la ville ne s'opposant pas à l'installation de
conduits aériens.

Nous ne parlerons que de l'usine de force motrice de la Danver City
Câble Ry Cᵒ, qui est celle des Etats-Unis qui met en marche la plus
grande longueur de câble, 52 kil. 500 dont un seul a 10 kilomètres.

Les câbles sont au nombre de six, ils sont actionnés par deux machines
de 750 chevaux chacune, marchant en même temps, il n'y a pas de machine de réserve.

Un seul tambour est commandé, la connexion se fait par des engrenages.

La ligne comprend plusieurs viaducs dont l'un a 1 200 mètres de longueur.

Tramways à câbles de Chicago

Nous avons déjà eu occasion de parler des tramways à câbles de Chicago, leur développement est considérable et leur exploitation excellente. Les grandes rues droites du centre de la cité se prêtent merveil-
leusement à ce genre de trafic, cependant, les croisements n'ont point
été sans présenter de grandes difficultés, et ils sont nombreux
avec des lignes également à câble il a fallu accepter de lacher le grip,
lorsque le brin conducteur passe au-dessous du câble croiseur. Devant
chacun de ces croiseurs se trouve un buttoir qui est destiné à briser le
grip si le gripman oubliait de lâcher le câble au moment voulu, la
rupture d'un grip étant chose bien moins fâcheuse que celle d'un câble.

Des dispositions sont prises pour abaisser le câble inférieur au-dessous du câble supérieur, de manière à ne pas rencontrer la partie inférieure du grip lorsqu'on emploie le grip à serrage vertical ; nous donnons deux dessins de la poulie de déflection de sûreté et des poulies servant à abaisser le câble dans une traversée, la dépression d'un câble par rapport à l'autre est de 0,20 (pl. 92).

Pour franchir l'intervalle occupé par les câbles croiseurs, il faut que le train prenne assez de vitesse pour qu'il franchisse 4^m,50 dans le cas d'une voie unique à traverser et 9 à 10 mètres lorsqu'il y en a deux.

En exploitation il ne semble pas que cette obligation présente d'inconvénient, il n'en serait peut-être pas ainsi dans les rues très fréquentées de Paris. Qu'on nous permette de suggérer une solution ; le dernier car de chaque train porterait un grip qui pourrait être abaissé et mis en prise, il pousserait le train devant lui pendant la traversée du croisement ; comme le train a plus de 10 mètres de longueur, le grip d'avant pourrait ressaisir le câble avant que le grip d'arrière ne fut sans action, le train pourrait ainsi s'arrêter sur les traverses de voies et repartir sans inconvénient, le procédé ne s'appliquerait qu'aux trains ou véhicules assez longs pour que le grip d'arrière puisse pousser le train en bonne posture pour reprendre le câble avant d'être obligé de le lâcher à son tour. C'est une solution qui s'est présentée à notre esprit en voyant le fonctionnement des trains sur la boucle de Madison Street. Nous avons vu que dans certains cas des trains n'avaient pas l'élan nécessaire pour franchir le croisement. Il fallait attendre le train suivant qui poussait le premier. Notre solution parait plus satisfaisante au point de vue de la régularité du service, mais en Amérique on ne s'en préoccupe pas, les arrêts sur les croisements étant très rares. On a été obligé d'admettre des courbes de très faible rayon, 15 mètres en moyenne pour passer d'une rue à une autre à angle droit. Les lignes étant continues, ou du moins les plus grandes lignes, il a fallu raccorder les voies par des boucles fermées, s'enchevêtrant les unes dans les autres. Pendant longtemps, Chicago a vu son réseau coupé en deux par la rivière de Chicago dont les ponts tournants ne permettaient pas le passage des câbles.

Cet obstacle n'a point arrêté les compagnies, deux tunnels ont été creusés et bientôt un troisième le sera également, et les deux moitiés de la ville de South et le North Chicago ont été réunies (pl. 93).

L'exploitation est très bien comprise, les voitures sont attelées en trains, remorquées par un wagonnet portant le grip qui est entouré de sièges, ce wagon moteur remorque une, deux et même trois voitures suivant l'affluence des voyageurs. Le nombre des voyageurs dans chaque train peut avec la tolérance américaine atteindre 150 à 160 voyageurs, les trains pouvant se succéder de minute en minute, le débit est énorme.

La vitesse atteint 18,5 kilomètres à l'heure, et, on est étonné de voir cette file continue de cars parcourant les rues à une telle vitesse sans causer le moindre accident.

Comme nous l'avons dit, les boucles des North et South câbles se chevauchent, il a fallu aux intersections avoir des aiguillages spéciaux et des dispositions pour abandonner le câble.

Les voies sont excessivement solides, les rails de 42 kilogrammes reposent sur des supports en fonte noyés dans du bitume, on n'a cependant pas cru devoir adopter comme à New-York les galeries souterraines pour la voûte des câbles et des guides dans les courbes et les croisements ; l'entretien se fait par des regards débouchant à l'extérieur de la chaussée.

Les trois grandes divisions de South Chicago de North et de West Chicago systèmes, sont actionnés chacunes par trois stations de force motrice.

La station principale du South système est située au coin de State Street et de la 20° rue, quatre câbles en sortent, mettant en mouvement deux sections du Wabash et deux sections de State street. Les deux sections suivantes de State street sont commandées par une station placée à la 52° rue, enfin, trois câbles sont actionnés par une station dont l'emplacement se trouve le long de cottage Grove avenue.

Les stations spéciales desservent les câbles des boucles et les câbles des tunnels qui doivent être conduits à des vitesses moindres. Nous décrirons plus loin une de ces usines, qui est remarquable par le faible emplacement qu'elle occupe, car le terrain dont on disposait avait seulement 8ᵐ,50 sur 45 mètres de profondeur.

Les autres stations sont réparties sur les différentes sections.

En moyenne chaque usine conduit de 6 à 7 kilomètres de ligne, soit 16 à 18 de câbles, ces nombres, il faut le dire, ne sont pas absolument vrais car il arrive souvent que la longueur de câbles soit très supérieure à la longueur de voie, quand par exemple, le même conduit contient deux câbles. Enfin, certaines usines ne conduisent qu'un câble très court, celui d'une boucle, par exemple.

Chaudières

Le système de South Chicago comporte une force totale en chaudières de 5 600 chevaux, sur lesquels 2 600 sont installés dans la station de la 20° rue. La chambre des chaudières comprend trois types différents, elles sont disposés pour consommer du charbon bitumineux et une citerne de 350 mètres cubes permet d'avoir une réserve d'eau suffisante pour parer à un arrêt du service de la distribution de la ville.

La force totale des chaudières du West Side est de 3 148 chevaux, le pétrole brut est le seul combustible employé sur ce réseau, il est emmagasiné dans des citernes placées sous le bâtiment des machines.

Le North système emploie également l'huile brute comme combustible.

Machines

La South système emploie 12 machines toutes du type Corliss, donnant une force totale de 8 200 chevaux : six sont installées dans la station de la 20° rue, et sont accouplées par paire. Les deux plus grandes sont indiquées à 1 100 chevaux, mais on leur en a demandé souvent 2 500, les autres machines sont de 500 chevaux.

Chaque paire de machine est disposée de manière à conduire l'arbre de couche des tambours indépendamment les unes des autres, la transmission se fait par des courroies qui ont 1^m,55 de largeur pour la paire des grandes machines et par engrenage pour les autres.

Dans la station de cottage Grove, les machines au nombre de deux, peuvent commander chacune l'extrémité de l'arbre de couche, elles développent 1 500 chevaux chacune.

Quatre machines de 250 chevaux fournissent la force nécessaire au câble de la 52° rue et de State street. La commande se fait par courroies. Celles-ci ont 52^m,50 de longueur et 1^m,200 de largeur. On retrouve là cette habitude, si générale en Amérique, des commandes par courroies, même pour des forces considérables.

Le West Side est commandé par huit machines donnant 8 950 chevaux au total; les boucles de Washington Street absorbent à elles seules deux machines] de 1 200 chevaux; la transmission de la force à l'arbre des tambours est effectuée au moyen de câbles de coton.

Nous pourrions également passer en revue toutes les machines des différentes stations; mais cette énumération serait sans intérêt.

Ce qui est important, c'est de connaître la force moyenne des stations de force motrice, exigée par chaque voiture en service en comprenant la réserve. Cette moyenne atteint 11 chevaux sur le South Side, 12 ch. 5 sur le West Side, et 12 sur le North Side.

Si l'on prend la force nécessaire, déduction faite des réserves, pour remorquer un train composé de deux voitures, on voit qu'elle varie de 3 à 5 chevaux sur le South Side, suivant la section, alors qu'elle atteint 7 chevaux sur le West Side. Cela tient à ce que, sur cette dernière section, la présence des tunnels et des boucles vient singulièrement accroître les résistances, surtout si on considère que les véhicules sont plus lourds.

On a dû remarquer que les machines sont toujours plus puissantes que les chaudières; cela tient à ce que la réserve des machines ne peut être assurée qu'en doublant leur force, alors qu'il suffit d'augmenter de 1/3 le nombre des générateurs.

Tambours

Tous les tambours sont du modèle ordinaire, et coulés d'une seule pièce; cependant, les jantes sont mobiles et peuvent être remplacées par segments. Toutefois, les tambours à jantes différentielles de Walker, disposées de manière à ce que la tension des câbles soit uniforme, a donné les meilleurs résultats : la durée du câble est augmentée, de ce seul chef, de 25 %·

Là où des relais d'engrenages sont nécessaires, on les a fait tourner dans un bain d'huile et de goudron; les roues dentées sont complètement enfermées : on a obtenu ainsi un roulement très doux et absolument silencieux.

La vitesse des câbles sur le South Side, varie dans une large mesure suivant les sections et les courbes ; ces vitesses atteignent 11 kil. 600, 15 kil., 21 kil. 600 et 23 kil. 600 à l'heure. Ce sont des vitesses considérables pour un tramway. Il est juste de remarquer que ces deux derniers chiffres ne s'appliquent qu'à des sections un peu excentriques de la ville, alors que les deux premiers coïncident avec la circulation la plus intense de Chicago. Ces vitesses ont été conservées sans aucun inconvénient pendant toute la durée de l'Exposition, avec un mouvement qui atteignait 120 trains à l'heure dans les deux sens. On peut donc la considérer comme absolument pratique.

La station qui conduit ces deux câbles à grande vitesse ne comporte pas de transmission intermédiaire, cette vitesse permettant d'attaquer directement les tambours.

Tous les appareils de tension sont du système Root. La poulie de réglage est portée par un chariot; ce chariot est rappelé en arrière par un poids suspendu à une poulie roulant sur une chaîne attachée d'une part à un point fixe, de l'autre au chariot: entre la chaîne et le chariot on interpose un ressort à boudin. La moitié seule du contrepoids se trouve être employée à la tension.

Le contrepoids est de 3 700 kilogrammes environ.

Sur le West Side, les tambours étaient primitivement du type dit à compensation, un seul tambour étant conduit par la machine. On a ensuite adopté les tambours ordinaires, tous moteurs. Enfin, à la suite de l'installation de Washington Street, qui a donné de très beaux résultats par suite de l'emploi de tambours différentiels de Walkers, on s'est décidé à adopter ces tambours sur toutes les machines du West Side. La substitution de ces tambours s'est faite sans interrompre le service, malgré le poids des tambours; il fallait en effet substituer un jeu de tambours pesant 140 tonnes à un jeu de 60 tonnes en quelques heures de nuit.

La tension est du système Root, et le poids tendeur est d'environ 4,500 k. par câble.

Sur le North Side, le remplacement des tambours ordinaires ou compensés, par des tambours Walkers, est commencée et décidée en principe. Les vitesses des câbles du North Side sont de : 7 kil. 200, 10 kil. 800, 14 kil. 400. 15 kil. 600 et 18 kilomètres pour les six câbles, les deux derniers étant à la même vitesse de 18 kil. à l'heure.

La tension est du système Root, et les contrepoids s'élèvent à 3 500 kilogrammes par câble.

L'arrivée et le départ des câbles sous la voie sont partout fort bien compris à Chicago : un appareil automatique dégage le câble du grip. Cette disposition a permis de supprimer un agent qui était à demeure en observation, pour arrêter les trains qui n'auraient pas abandonné le câble. La boucle de State Street est actionnée par un câble marchant à

11 kilomètres à l'heure; le câble est lui-même mis en mouvement par le câble de la ligne.

Toutes les lignes sont munies d'un système de signaux par sonneries électriques; il y a un regard spécial tous les 130 mètres; les signaux réglémentaires sont un coup pour arrêter le câble, deux coups pour les mettre en marche.

Les stations de force comprennent également les installations électriques employées à l'éclairage des tunnels, des stations de force, etc.

Nous n'avons encore point parlé des grips: c'est que nous nous réservons d'y revenir; disons seulement qu'il y en a beaucoup de modèles.

A Chicago trois types sont employés, ceux de South Side sont à serrage latéral, avec un galet venant soulever le câble, les mâchoires sont garnies de fourrures en bronze spécial, cette armature dure 20 jours en service. On a reconnu que ces garnitures usaient beaucoup moins le câble que les mâchoires en acier, les mâchoires n'ont pas moins de $0^m,60$ de longueur.

Sur les lignes du West Side on emploie également un grip à mâchoires latérales, ces mâchoires ont $0^m,450$ de longueur, elles sont munies de garnitures en acier Bessemer laminé, elles durent de deux à trois mois et sont disposées de manière à pouvoir servir deux fois en rapportant en dessous une épaisseur, mais on reconnaît que leur emploi est préjudiciable à la durée du câble, et on pense allonger les mâchoires du grip de manière à pouvoir les garnir de bronze, ce qui ne serait pas possible avec le peu de longueur des mâchoires actuelles.

Les âmes des grips durent cinq à six semaines, elles sont ensuite soudées, de trois on en fait deux, l'usure était beaucoup plus considérable autrefois, mais un bon graissage de la rainure a prolongé leur durée.

Un grip à serrage en dessous est employé sur une partie des lignes du West Side, il est du type Vogel.

Un grip du système Grimm avec serrage par en dessus est au contraire employé sur le North Side.

Câbles

La majeure partie des câbles employés sur le South Side provient de l'usine de la Hazard Company, ils ont 33 millimètres de diamètre et se composent de six torons de 16 fils chacun. Onze câbles sont en service, le plus long ayant 10 kil. 500 de longueur environ. Les câbles durent environ un an, les câbles rapides, marchant à 23 kilomètres à l'heure durent autant que les autres ; ils sont enduits d'huile de lin mélangée à du goudron, les vieux câbles sont vendus de 35 à 40 francs la tonne.

Sur le West Side les câbles ont le même diamètre que dans le cas précédent, ils se composent de six torons à 16 fils, tordus, six autour d'un, et neuf enroulés autour des premiers. Le plus long de ces câbles a 10 kilomètres et marche à 18 kilomètres à l'heure. Après avoir duré une année, les câbles ne duraient plus que quelques mois, on a dû changer un certain nombre de poulies, puis, à la suite de l'adoption des tambours Walkers, la durée du câble a triplé.

Les câbles qui actionnent les boucles et le tunnel fatiguent beaucoup plus; à l'origine, les câbles ne duraient qu'un mois, cela tient à la rapidité du câble qui ne peut être suivi par les cars qui glissent tous plus ou moins dessus. Dans des boucles ou les rayons descendent à 15 mètres, on ne devrait pas dépasser la vitesse de 5 kilomètres à l'heure, de plus, il nous semble que des voitures à boggies seraient mieux appropriées, à condition de faire passer le grip au centre de rotation d'un des boggies. Le câble et le grip seraient bien moins fatigués.

Cependant il faut tenir compte du peu de longueur du câble et de son faible diamètre ; le câble a été renforcé, le diamètre de plusieurs poulies modifié, et la durée du câble a été presque doublée. Nous donnons un diagramme du parcours du câble afin de montrer les sinuosités auxquelles il est obligé de se soumettre (pl. 92-93).

Le North Side emploie neuf câbles qui sont garantis pour une durée de 8 à 13 mois de service, le câble du tunnel ne dure que de 86 à 105 jours.

Des essais de câbles de fabrication anglaise ont été faits sur ces lignes et ils ont donné de bons résultats, supérieurs à ceux obtenus avec les câbles indigènes, il y a là évidemment une indication, la qualité de la matière première et la fabrication sont pour beaucoup dans la durée des câbles.

On a essayé également d'employer des câbles enveloppés de lames de fer enroulées en spirale, de manière à protéger le câble lui-même contre l'usure du grip.

Tous les véhicules sont munis de frein agissant sur les roues, une chaîne réunit toutes les tiges de commande, en sorte que le conducteur peut serrer tous les freins en agissant sur une seule manivelle. Le car portant le grip possède en outre un frein à sabot agissant sur le rail et commandé par un levier, sous le contrôle du gripman ; les voitures sont attelées par des barres de traction radiales, mais sans ressorts, ni de choc ni de traction. Les arrêts sont rapides et les démarrages aussi, mais les voyageurs ne ressentent aucune secousse.

Chacun des réseaux de Chicago emploie un système de chauffage différent, ce sont des calorifères dont les bouches de chaleur pénètrent dans les voitures à la hauteur des sièges ; le West Side emploie le Lewis and Fawler Stove, ce calorifère donne de très bons résultats.

Les remises des voitures, les ateliers de réparation, etc., sont admirablement traités, nous donnons un croquis de la remise des voitures du South Side (pl. 92-93).

Les cars entrent dans la remise grâce à leur vitesse acquise ; ils en sortent par la gravité, les pentes nécessaires ayant été ménagées à cet effet ; à l'intérieur les mouvements se font au moyen de petits cabestans. Les remises sont à plusieurs étages, les cars étant déplacés horizontalement par un chariot roulant, et verticalement par des monte-charges. En résumé, le réseau de Chicago atteint un total de 110 kilomètres de tramways à traction par câble, réseau remarquable qui a donné une juste idée de la puissance, de la régularité et de l'élasticité du système, pendant la durée de l'Exposition. Nous avons déjà indiqué l'intensité de l'exploitation portée à un train à la minute. Chaque train était composé de quatre cars surchargés de voyageurs à la mode américaine et portant de 250 à 300 voyageurs accrochés de tous les côtés, cependant aucun accident n'a été signalé et aucune interruption digne d'être mentionnée n'est survenue.

Ce succès venant confirmer les résultats obtenus, montrent qu'on se trouve vis-à-vis d'une solution excellente toutes les fois qu'on a à satisfaire à la fois à un trafic intense et à l'obligation de ne pas employer les conducteurs électriques aériens.

Nous ferons remarquer, toutefois, que le réseau de Chicago ne présente pas les coûteux, mais à notre avis indispensables, perfectionnements inaugurés à New-York et que nous avons signalés ; ces galeries souterraines permettant de visiter continuellement et à l'aise les points spéciaux tels que courbes et croisements. Nous pensons que c'est à cette solution qu'il convient de penser quand on se trouve vis-à-vis d'un réseau comme celui de Paris, réseau exploité d'une manière si rudimentaire à l'heure actuelle et qui ne peut l'être qu'avec une canalisation de force souterraine à cause des objections que rencontrera toujours l'emploi d'un conducteur électrique aérien.

Nous terminerons notre étude sur les tramways à câbles en donnant quelques renseignements sur la ligne de Blue Island qui vient d'être terminée par la West Chicago Company.

Les machines attelées à chaque extrémité de l'arbre de couche ont 1 700 chevaux de force chacune, les volants pèsent 150 tonnes. L'arbre porte quatre embrayages à friction mis en prise par la force hydraulique.

Les poulies de tension sont du système Roob. Nous donnons dans nos planches diverses figures de cette splendide installation. La machinerie a été faite par la Pensylvania Iron Work de Philadelphie (pl. 94-95-96).

Tramways à câbles de Cleveland

La compagnie de Cleveland City Cable Company possède 32 kilomètres de voies à traction par câble.

La voie a été établie dans des conditions toutes spéciales de solidité, tout le cuvelage est en béton de ciment Portland, les supports sont en fonte, espacés de 1^m,50 les uns des autres et pèsent 180 kilogram-chacun, les poulies de support ont 0^m,450 de diamètre et sont placées à 12 mètres les unes des autres, les poulies de courbes qui ont des jantes amovibles ont 0^m,750 de diamètre.

Les rails pèsent 34 kilogrammes le mètre courant. Les chaudières sont du type Babcock et Wilcox, il y a trois corps de 362 chevaux chacun, le chauffage est fait au moyen d'huile brute arrivant directement des puits de Lima, Ohio et s'emmagasinant dans un réservoir en tôle dans la station de force elle-même.

La station comporte deux machines de 1 250 chevaux, soit 2 500 chevaux au total; une seule machine est en service, la seconde restant en réserve (pl. 97, fig. 1).

Nous retrouverons les dispositions adoptées dans l'installation de Blue Island avenue, de Chicago, pour la commande des tambours. L'arbre principal passe entre les arbres des tambours qui sont commandés par des pignons attaquant des roues dentées calés sur les arbres des tambours.

Les arbres sont partagés en six sections, des embrayages énergiques permettent de découpler telle ou telle partie.

L'une des sections est disposée pour conduire six câbles, quatre sont seulement en service. Les appareils de tension sont à chariot, ils sont rangés les uns auprès des autres dans une salle spéciale ayant 24 mètres sur 34 de profondeur ; les poids tendeurs varient de 2 000 à 3 200 kilogrammes, suivant la longueur du câble.

Un pont roulant supérieur permet de procéder facilement et rapidement à toutes les réparations.

Un point intéressant de cette installation est le relai de Superior street, il s'agissait de commander un câble spécial à faible vitesse par le câble de ligne. Le câble lent doit desservir la partie basse de la ville et présente plusieurs courbes de faible rayon. La voie présente une pente assez forte pour que les cars puissent s'aiguiller sous l'action de la pesanteur.

Le relai (pl. 97, fig. 3) occupe un emplacement de 10 mètres de largeur sur 30 de longueur sous la chaussée qui repose sur des colonnes surmontées de fers à I et de socles en briques et en ciment. Le câble de ligne marchant à 19 kilomètres à l'heure passe autour de tambours à gorge puis, s'engage sous la ligne qu'il dessert ; ces tambours commandent par des engrenages les tambours du câble lent, des embrayages sont du reste disposés sur les arbres de commande. Le câble axiliaire se trouve par ses tambours, à l'opposé des tambours moteurs, une poulie de retour reçoit le brin conducteur du câble. Cette poulie est portée par le chariot tendeur, elle a 4 mètres de diamètre.

La vitesse du câble auxiliaire n'est que de 9 kilomètres à l'heure.

Les longueurs des câbles sont : Western Superior street, 7 300 mètres; Eastern Superior street, 7 000 mètres ; câbles auxiliaires, 2 350 mètres ; Western Pagne avenue, 7 200 mètres ; Eastern Pagne avenue, 7 900 mètres.

La vitesse des câbles de Superior street et de Pagne avenue est de 19 kilomètres à l'heure, celle des câbles situés à l'est de la station de force motrice a la vitesse de 22 kil. 400.

La compagnie possède 47 grip-cars munis d'un grip système Pagne, et 131 voitures à voyageurs.

Nous ne nous arrêterons pas aux tramways de Baltimore qui ne présenteraient rien de nouveau. Nous nous contenterons de signaler la disposition de la voie avec ancrage des rails de la rainure au moyen de tirants ; cette pratique nous paraît peu recommandable, car le prix des tirants, des boulons et de la main-d'œuvre peuvent être avantageusement appliqués à augmenter le poids et la section du rail de la gorge, et l'asseoir solidement sur le côté (pl. 98).

Nous ne dirons également qu'un mot du câble de Sioux city ; il ne présente de remarquable que d'être à voie unique, disposition très rare en Amérique pour ne pas dire plus ; le tracé rencontre six voies de croisement sur son parcours ; les aiguilles sont automatiques ; la ligne se termine par des boucles à chaque extrémité.

Tramways à câbles de Washington

Au commencement de 93, le nouveau réseau à câble de Washington comprenant 30 kilomètres de voie a été définitivement mis en service dans toutes ses parties. Ce réseau est remarquablement bien installé et est certainement un des beaux modèles de câble après ceux de New-York, qui eux se présentaient dans des conditions de difficultés plus grandes.

Nous donnons le diagramme de ce réseau (pl. 98).

Les rails pèsent 40 kilogrammes le mètre courant et sont à ornières comme le rail Broca ; la chaussée est en asphalte comprimé ; aussi la voie est-elle excellente.

Dans la station centrale de force se trouvent deux machines Corliss de 750 chevaux de force (pl. 99).

Les tambours sont commandés séparément par des câbles en manille de 50 centimètres de diamètre ; ces câbles sont au nombre de 7 ou de 9 suivant la force à transmettre.

La vitesse des câbles est de 16 kilomètres à l'heure :

Les longueurs des câbles sont les suivantes :

Câble de la section de l'arsenal de la marine	9 436 mètres
Câble de la section de la 14ᵉ rue	7 900 mètres
Câble de la section de Georgestown.	7 040 mètres

Il existe également un câble de 1 150 mètres qui conduit l'embranchement de la gare de Baltimore and Ohio R Road. Ce câble est commandé en relai par le câble de la division de l'arsenal de la marine.

Nous donnons un plan de l'installation du relai (pl. 100-101, fig. 97-98). Le câble principal passe sur une poulie horizontale qui supporte un tambour à deux gorges placées sur le même axe, mais d'un diamètre plus petit, de manière à réduire la vitesse du câble auxiliaire.

La tension est obtenue au moyen d'un chariot placé en souterrain, mais à une certaine distance du tambour, le chariot est maintenu au moyen d'un ressort spécial qui maintient la tension du câble (fig. 101-102).

La ligne ne présente pas de rayons inférieurs à 18 mètres.

Les poulies de courbe ont $0^m,60$ de diamètre ; leur situation, par rapport à la rainure, peut être réglée avec des boulons ; la poulie est garnie d'antifriction sur son axe, et munie d'appareils de graissage (fig. 99-100, pl. 100-101).

Les poulies de support ont 0,40 de diamètre, et reposent sur des axes en acier.

Les chaudières sont au nombre de huit et du type Babcock et Wilcox de 184 chevaux par corps de chaudières ; le combustible est de la houille avec arrivages automatiques des charbons.

L'appareil de tension mérite une mention spéciale ; nous en donnons des croquis faciles à suivre.

Nous donnons également un plan du système des aiguilles à l'extrémité Ouest. Le grip car est coupé de son train et va se remettre sur l'autre voie en changeant de câble pour revenir en arrière, puis le train est abandonné, et, en vertu de la déclivité, vient se replacer derrière lui, en suivant la voie ordinaire non munie de câble ni de conduit qui réunit les deux voies (pl. 100-101, fig. 103).

La dépense s'est élevée tout compris à 350 000 francs par kilomètre de double voie.

Nous pensons avoir donné, par ces descriptions un peu multipliées peut-être, une idée de l'importance de ce système de traction qui se partage avec la traction électrique, les tramways des Etats-Unis. Un moment, on aurait pu croire que la traction électrique resterait seule, mais on s'est vite rendu compte que les deux systèmes avaient leur place. Pour une exploitation très intense, comme celle qui se rencontre dans le centre des grandes villes, la traction par câble est indiquée, elle permet une augmentation considérable dans le service ; elle ne tient en rien compte de l'adhérence ; elle peut donc aborder des rampes qui forcent à multiplier les voitures automotrices sur les lignes exploitées par l'électricité ; la vitesse de marche se règle beaucoup plus aisément avec un câble animé d'une vitesse toujours uniforme, tandis qu'avec les voitures automotrices, la vitesse est réglée par le conducteur : enfin, il

permet de cacher tout le système moteur en dessous de la voie, et
n'oblige pas à enlaidir les voies publiques avec tous les poteaux et les
câbles aériens nécessités par les tramways électriques; il est donc bien
plus applicable aux grandes villes à prétention à l'esthétique comme
Paris.

CHAPITRE V

TRAMWAYS ÉLECTRIQUES

Le nombre de kilomètres exploités par la traction électrique aux États-Unis dépasse tout ce qu'on peut imaginer ; le développement a été aussi rapide que soutenu ; non seulement beaucoup de nouvelles lignes se sont construites, mais les lignes à traction de chevaux disparaissent tous les jours pour faire place à la traction électrique.

C'est que, comprise comme elle l'est en Amérique, la solution est très satisfaisante :

N'étant point arrêtés par des considérations basées sur l'esthétique, qui empêchent de poser des conducteurs aériens, les Américains ont pu, dès le premier jour, employer le seul système de traction électrique qui soit pratique et économique jusqu'à ce jour.

Non seulement les conducteurs de ligne sont aériens, mais les feeders le sont également.

Le retour de courant se fait par les rails qui sont réunis les uns aux autres par un fil de cuivre soudé à chaque extrémité des rails.

Enfin, on a laissé poser ces canalisations parcourues par des courants à 5 ou 600 volts sans aucune entrave.

Dans ces conditions, l'emploi de la traction électrique qui n'exige pas un gros capital de premier établissement est tout indiqué, et a été réalisé en nombre de points avec une grande économie.

En règle générale, ces tramways dérivent d'un même type. Ils comprennent une ligne presque toujours à double voie, posée sur rails de 35 à 40 kilos (mètre courant), tous les rails étant réunis aux joints par des conducteurs en cuivre, et chaque file de rails étant reliée à l'autre. Au-dessus de chaque voie court un fil de 10 à 12 millimètres de diamètre en cuivre rouge ; ce fil est maintenu en position par des fils de fer attachés d'une part à des poteaux placés de part et d'autre de la voie, de l'autre à un support isolant auquel le fil de cuivre vient se souder en laissant sa partie inférieure lisse. Dans les courbes, le câble forme une ligne brisée, obtenue en rapprochant les poteaux de support; dans les courbes de 15 mètres de rayon par exemple, les côtés du polygone n'ont pas plus de 1^m,50 de longueur.

. Si la ligne est longue, les poteaux reçoivent des supports sur lesquels viennent reposer les feeders, qui viennent se rattacher aux deux lignes à des distances déterminées, les deux conducteurs sont au reste réunis entre eux de distance en distance.

La prise de courant est faite au moyen d'un grand levier oblique relevé par un ressort et venant s'appuyer à sa partie supérieure contre le câble, une petite poulie à gorge, montée dans une chappe, au bout du levier vient rouler directement sur le câble, la poulie est munie d'une gorge qui l'empêche de quitter le câble.

Les voitures portent presque toujours deux moteurs, un par essieu, on a autant que possible conservé le car à deux essieux pour profiter de tout le poids adhérent, ce qui est indispensable dans un car moteur.

Nous verrons cependant des tentatives très intéressantes d'applications de trucks ou d'essieux convergents sous les voitures quand nous les étudierons spécialement.

Les moteurs sont en général à quatre pôles, et après divers tâtonnements se rapproche d'un type courant dans lequel les noyaux et le bâti sont coulés en deux pièces pouvant se réunir deux à deux, l'ensemble forme une boîte creuse, dont une extrémité vient former palier sur l'essieu pendant que l'autre est suspendue au châssis par l'entremise de ressorts ; l'induit est à l'intérieur de la boîte qui porte également les paliers, un jeu d'engrenages dont les diamètres sont en général dans le rapport de 1 à 3 transmet le mouvement de l'induit à l'essieu.

Dans certains types, le moteur est unique et son arbre est placé suivant l'axe de la voiture, il agit alors sur deux pignons coniques agissant sur deux roues d'angle calées en sens inverse sur les deux essieux.

Le réglage de la vitesse peut être obtenu de deux manières différentes, soit en modifiant l'intensité du champ magnétique, soit en intercalant des résistances dans le circuit.

Dans le premier cas, les bobines des inducteurs sont formées par des enroulements différents qui peuvent être différemment accouplés, on peut donc faire varier dans d'assez grandes limites l'intensité du champ magnétique, et par conséquent la vitesse de l'induit, ce procédé a été appliqué dans diverses installations faites par Edison.

Mais le système le plus répandu est celui qui consiste à employer un rhéostat permettant d'intercaler des circuits de résistance ; enfin on peut où accoupler les moteurs en série, où les faire marcher isolément.

On dispose donc des moyens nécessaires pour régler la vitesse des voitures, ce sont des moyens connus mais c'est dans la disposition des appareils que le génie pratique des américains s'est fait jour.

Nous n'entrerons pas au reste dans le détail des appareils électriques qui sont étudiés dans la partie de l'ouvrage traitant de cette question, mais toutefois nous donnerons les indications nécessaires à la compréhension des installations que nous aurons à examiner.

Les lignes des tramways sont exploitées à une tension de 500 volts, on n'a pas voulu descendre au-dessous de ce chiffre, pour ne pas accroître le poids des appareils et du cuivre employé dans le conducteur, ni monter au-dessus à cause du danger.

Les usines de force sont très diverses, comme chaudières, comme moteurs, comme dynamos, mais parmi cette diversité plus apparente que réelle des caractères communs se retrouvent dans toutes les bonnes installations et un type général se dégage de l'ensemble.

Peu à peu les commandes par courroies qui sont si répandues en Amérique font place à des commandes directes par des machines à grande vitesse.

L'exposition en montrait plusieurs modèles fort intéressants qui certainement se développeront. Toutefois dans les installations que nous avons visitées on rencontre généralement des machines fixes horizontales commandant les dynamos par courroie.

Mais en général on peut dire que ces installations sont soignées, spacieuses, bien comprises et dénotent une pratique très courante de ce système de traction. Toutefois avant d'entrer dans la description des lignes, et de donner quelques indications sur les rhéostats et les commutateurs, ainsi que sur les moteurs, nous voulons parler un peu des lignes, au point de vue des conducteurs.

Un grand nombre de types de conducteurs souterrains ont été présentés, et essayés. Les systèmes Love qui a reçu deux applications, à Washington et à Chicago, Hiealzman Underground trolley, le système Petermann, le système Crosby et Reitmayer etc., etc. Tous ces systèmes sont basés sur la même disposition, placer deux fils isolés dans un conduit et aller prendre le courant par une sorte de grip.

Tout les essais ont échoué devant l'impossibilité d'assurer un bon isolement, et devant le prix de premier établissement. Pour assurer l'isolement il faudrait construire un conduit assez grand pour permettre aux électriciens d'y circuler en tout temps, de là des frais énormes, enfin l'âme du trolley vient toujours plus ou moins à être mise en contact avec les lèvres de la rainure, des pertes de courant se produisent et dans une proportion énorme; la pluie vient malgré toutes les précautions aggraver encore la situation.

On peut dire qu'en l'état actuel aucun de ces systèmes n'a réussi, même pendant la période des essais.

Nous ne nous y arrêterons donc pas plus longtemps, et, en temps qu'à faire la dépense d'une voie à conduite centrale, autant adopter la traction par câble.

Comme nous l'avons déjà dit, le retour du courant se fait par la voie, mais de grandes précautions doivent être prises pour assurer la conductibilité.

Les éclisses ne suffisent en rien et les rails doivent être réunis par des fils de cuivre. Ces fils sont introduits dans des trous percés dans le patin du rail à chaque extrémité ; les surfaces sont étamées avant d'être mises en place, et le tout est soudé. En général, on donne aux fils servant à faire cette jonction une section de résistance égale à celle du rail, en ne tenant en rien compte des éclisses.

Mais lorsque l'intensité du courant est très grande, souvent ces dispositions ne suffisent pas, aussi des conducteurs spéciaux sont placés dans la voie, et réunis à l'extrémité de chaque rail.

Certains constructeurs préconisent de placer au-dessus de la voie un conducteur aérien, dans ce cas le fil est tout simplement relié à chaque rail.

Lorsque les conducteurs de retour sont insuffisants, il se produit des phénomènes d'électrolyse dans les canalisations voisines des rails, et, à l'origine, de nombreux ennuis se sont présentés.

On a beaucoup fait pour combattre ce grave inconvénient, mais pas encore assez de l'avis des électriciens ; en effet, on arrive souvent à des résistances qui se traduisent par des pertes très élevées. M. Wattson, dans une conférence faite devant l'Electric Club de Cleveland, a même été jusqu'à demander l'isolation du câble de retour principal, en l'enfermant dans une boîte remplie d'asphalte, ce câble étant réuni à chaque rail par deux conduites également isolées jusqu'au rail lui-même.

C'est peut-être aller un peu loin, on n'a sans doute pas considéré que beaucoup de tramways qui ne donnent pas entière satisfaction au point de vue de la résistance du circuit sont d'anciens tramways à chevaux à qui on a appliqué la traction électrique ; les rails sont légers, la conductibilité des joints a été établie sur la voie déjà montée. Le calcul a bien indiqué que la section était suffisante, mais le trafic a augmenté, comme cela se produit partout où une traction mécanique est substituée à une traction animale ; on a rajouté des feeders, mais on n'a point songé à augmenter la conductibilité de la voie.

Lorsqu'on établit au contraire des voies neuves avec des rails de 42 à 45 kilos par mètre courant, que chaque joint est complété par un conducteur en cuivre d'une résistance au plus égale à celle du rail, il faut que l'intensité du trafic soit bien grande pour que le retour du courant ne s'effectue pas dans de bonnes conditions.

Il est certain que si on doit en arriver, vis-à-vis d'un trafic considérable, sur des lignes très accidentées, à ajouter un conducteur continu en cuivre, il serait beaucoup plus naturel de le suspendre au poteau de support du câble aérien, en le reliant à la voie par des conducteurs verticaux isolés descendant contre ces poteaux. Mais en l'espèce, avec des voies bien établies, cela ne nous paraît pas nécessaire.

Les poteaux sont en général en bois, ils sont moins chers et constituent par eux-mêmes un complément d'isolation. Le conducteur aérien doit être au moins à six mètres du sol ; pour obtenir ce résultat les poteaux doivent avoir 6^m,50 de hauteur en dehors de terre. Dans certains endroits, pour la traversée des voies très larges, il faut donner plus de hauteur aux poteaux, on les fait souvent alors en tubes métalliques télescopiques ou en treillis en acier.

Dans certains cas, on a dû espacer les supports, pour ne pas soumettre le conducteur à des efforts trop considérables, on le fait supporter par un câble en acier placé à une petite distance au-dessus de lui et auquel il est relié de mètre en mètre. C'est le câble-support qui est fixé aux isolateurs (pl. 138-139-140-141).

En Amérique, où il y a de nombreux fils de télégraphe, de téléphone, d'éclairage, coupant et recoupant les voies publiques, on a été conduit à placer au-dessus des conducteurs, au-dessous des points où se trouvent ces fils étrangers, un fil ordinaire qui empêche les fils à basse tension de toucher, lorsqu'ils tombent, au conducteur à haute tension.

Ces ruptures sont assez fréquentes en hiver quand les fils se couvrent de glace.

Les feeders sont maintenant très multiples ; il n'était pas rare, il y a deux ou trois ans, de trouver des différences de 15 à 30 % dans le voltage d'une ligne ; maintenant il n'en est plus ainsi.

Des essais ont été faits dans ces derniers temps pour transporter la force motrice et la distribuer sur une ligne de tramway d'après le système de canalisation à trois fils; les tramways de Portland (Oregon) sont installés d'après cette disposition.

L'usine de force, avait été établie à 5 kilomètres de la ligne dans le but d'utiliser sur place, comme combustible de la sciure de bois. Comme on voulait également économiser le plus possible dans l'installation de la canalisation, on s'est décidé à adopter le système à trois fils qui demande moins de cuivre.

Rien n'est changé dans la disposition de la ligne proprement dite, ni dans l'agencement des voitures et des récepteurs, seulement la ligne des feeders est double ; chaque câble de pôle différent se dédouble et va alimenter 4 sections isolées du conducteur aérien.

Les dynamos sont au nombre de deux. Le voltage est de 550 aux générateurs, et de 450 aux cars. L'expérience n'a pas encore été assez longue pour confirmer les premiers résultats qui semblent favorables·

Il est certain que cette disposition serait d'autant plus à apprécier que la conductibilité de la voie devrait être assurée par des conducteurs supplémentaires, on pourrait réaliser une économie de cuivre de plus de 50 % en poids. Avec les lignes à longs parcours, alimentées par une force motrice souvent éloignée de la ligne elle-même, comme cela arrive lorsqu'on) veut utiliser des chutes d'eau, l'économie peut devenir intéressante et c'est à ce titre que nous avons signalé cette installation.

Une des sociétés électriques qui ont le plus contribué à développer la traction électrique est sans contredit la société Thompson Houston. Grâce à son impulsion le développement est devenu rapide, si rapide qu'il y a eu de la place pour de nombreux constructeurs.

Les ateliers de Lynn (Mass.) appartenant à cette société emploient 1 000 ouvriers et sont arrivés à livrer 140 moteurs par semaine, soit 560 par mois, ce qui représente l'équipement de 280 voitures; ce seul détail donne une idée du développement de la traction électrique aux Etats-Unis.

La fabrication dans ces ateliers est comme dans tous les ateliers américains admirablement organisés ; l'atelier fabrique des types bien défi-nis, tous identiques les uns aux autres, si de nouveaux besoins se font sentir, on crée un nouveau type, on en annule un ancien s'il ne convient plus, mais on ne construit pas de type spécial pour se conformer au désir de tel ou tel ingénieur d'une compagnie de tramways qui ne veut pas faire comme les autres.

Grâce à cela on arrive à une production à bas prix qui se traduit, ou par un bénéfice énorme du constructeur, si la demande dépasse l'offre ou à une vente à bon marché qui exclut la concurrence étrangère, si la demande vient à fléchir.

L'usine, poussée par la concurrence, est la première à créer des types nouveaux, à étudier des perfectionnements, sous peine de voir les commandes passer à des usines plus actives qu'elle.

Nous n'entreprendrons point la description des appareils construits par la société, cette question rentrant dans le chapitre de l'électricité ; ici nous ne considérons l'électricité que comme un moyen de traction mis à la disposition de l'ingénieur de chemins de fer ou de tramways.

Nous indiquerons seulement les types généraux spécialement employés dans les tramways.

Les dynamos destinées à la production de la force, sont en général de 250, 500, 750 et 1 000 chevaux. Ce sont des machines à quatre pôles à bâti massif en deux pièces, se rapprochant beaucoup du modèle Oerlikon.

Les fig. 1, 2, 3 (pl. 102) représentant la machine de 500 chevaux.

Le type primitif de moteur pour car s'est modifié d'année en année, mais il est toujours dérivé du water-proof type, ainsi nommé de ce que tout le système, y compris les engrenages est enfermé dans une boîte en acier coulé qui sert en même temps de bâti de support.

Le moteur est à deux pôles et s'ouvre comme une boîte. Toutes les pièces sont très simples, très robustes et parfaitement interchangeables.

La société construit des moteurs de 15, de 25 et de 30 chevaux (fig. 3 et 4, pl. 102).

La société Thomson Houston s'est fondue avec la société Edison pour former la société générale électrique. Les ateliers de Schenectady ont pris une importance plus grande encore que ceux de Lynn, la Société est au capital énorme de 250 000 000 de francs.

Ceci est dit en passant pour montrer à quel degré les récupérations peuvent s'élever en Amérique lors de l'installation d'une industrie nouvelle, si celle-ci fait pendant les premiers temps des bénéfices énormes, le capital si exagéré qu'il soit, peut cependant être rapidement couvert.

La Compagnie Westinghouse a également établi dans ses ateliers de Pittsburg des modèles remarquables et qui se répandent à juste titre, les dynamos génératrices sont également à quatre pôles et construites pour un voltage de 500 volts, mais on peut le porter à 600 volts sans inconvénient, et le constructeur garantit que la machine peut résister à des voltages de 750 volts sans danger, à condition que la surcharge ne soit pas prolongée.

La construction de l'induit est très simple, des disques en fer mince sont calés à la presse hydraulique sur un arbre ; les bords de ces disques sont percés de trous ovales. Lorsque tous les disques sont ainsi calés sur l'arbre, tous les trous ovales forment autant de conduits parallèles à l'arbre. Un seul fil constitue chaque enroulement, ce fil est ou à section cylindrique ou une lame plate. C'est cette dernière section qui est la plus usitée ; on voit que l'enroulement est réduit au minimum, que les fils étant enroulés dans les disques eux-mêmes, ne peuvent souffrir de la force centrifuge, on a en somme préféré faire tourner un faible enroulement dans un champ magnétique très puissant, qu'un grand enroulement dans un faible champ magnétique.

La Compagnie Westinghouse construit également des dynamos couplées directement à des machines à vapeur Westinghouse, montées sur la même plaque de fondation. C'est un modèle très compacte et dont nous avons trouvé de nombreuses applications dans des centres en formation, ou l'installation de machines plus compliquées eut été très difficile et eut demandé beaucoup de temps (pl. 103, fig. 1, 2, 3 et pl. 104, fig. 1, 2, 3).

Nous donnons le tableau des dimensions principales des génératrices de 100 à 500 chevaux, construites d'une manière courante dans les ateliers de Pittsburg.

NUMÉRO	FORCE	VOLTS	AMPÈRES	LONGUEUR	LARGEUR	HAUTEUR	POIDS	VITESSE
				mètres	mètres	mètres	kilogr.	tours
1	100	500	150	2,26	1,650	1,850	7.000	300
2	160	500	240	2,514	2,000	1,950	9.000	300
4	270	500	405	3,850	2,130	2,410	16.000	250
6	500	500	750	3,00	2,630	2,740	30.000	215

Ces dimensions comprennent non seulement la dynamo mais encore la machine motrice.

Les dynamos destinées à être conduites par courroies comprennent huit types, dont nous donnons les dimensions dans le tableau suivant :

NUMÉRO	FORCE	VOLTS	AMPÈRES	LONGUEUR	LARGEUR	HAUTEUR	POIDS	VITESSE
				mètres	mètres	mètres	kilogr.	tours
00	80	500	120	1,80	1,50	1,50	4.000	750
0	100	500	150	2,00	1,60	1,62	6.000	750
1	150	500	225	2,40	1,72	1,75	8 000	625
2	250	500	375	2,69I	1,87	1,88	10.500	535
3	300	500	450	3,55	1,98	2,10	17 000	500
4	400	500	600	4,00	2,05	2,26	18.500	465
5	500	500	750	4,36	2,410	2,28	31.500	375
6	700	500	1.050	4,62	2,66	2,66	34 000	300

Les moteurs électriques sont également à quatre pôles, ils sont à une seule réduction de vitesse, ils sont également enfermés dans un bâti formant boîte protectrice des appareils, la force en chevaux des types courants est de 20, 25 et 30 chevaux, il existe également des types de 40 et 50 chevaux pour locomotives électriques. Les moteurs de 25 et 30 chevaux sont destinés aux lignes très accidentées ou à être montés sous des cars à double trucks remorquant eux-mêmes une ou deux voitures ordinaires sur des profils accidentés.

Nous donnons des figures représentant le moteur fermé, le moteur ouvert et le bâti du moteur tel qu'il sort de la fonderie. On voit combien il est facile de centrer les parties les unes par rapport aux autres, l'opération peut se faire complètement sans démonter la pièce du plateau d'une machine à fraiser et à aléser.

Les induits sont essayés, et, comme ils subissent un essai à chaque enroulement ils en supportent 37, ils doivent résister à un courant de 1 200 volts sans souffrir.

La Short électric C° de Cleveland, a aussi adopté des types de génératrices et de réceptrices qui sont intéressants à signaler (pl. 105).

La génératrice est une machine multipolaire à douze pôles, l'induit en forme d'anneau tourne entre les pôles répartis en couronnes de chaque côté. Ces machines sont faites pour marcher à faible vitesse 250 à 500 tours et conviennent très bien à la commande par connection directe, nous en retrouverons des applications intéressantes.

Le moteur est du même type mais il n'a que huit pôles. L'ensemble de la dynamo est renfermé dans un bâti fermé en fonte portant des paliers qui doivent, d'une part recevoir les coussinets de l'arbre, de l'autre, venir entourer l'essieu moteur.

Les figures jointes donneront une idée exacte de la disposition de l'appareil. (Pl. 105).

Nous ne ferons, pour notre part, qu'une seule critique de détail à ces moteurs qui sont au reste tous excellents aussi bien les uns que les autres. Nous aurions préféré voir le moteur suspendu à l'essieu par un palier à chapeau pour permettre un démontage plus facile, que lorsqu'on doit séparer les deux moitiés du bâti du moteur. C'est au reste une bien légère critique.

Tramways électriques de Danver

La ville de Danver, bien que n'ayant que 170 000 habitants, possède un réseau de tramways des plus intéressants, on peut se rendre compte de l'importance prise par ce mode de locomotion en constatant que le nombre des voyages par tête d'habitant, et par an, s'élève à 230 sans compter, bien entendu, les voyageurs circulant avec des correspondances. Ces tramways sont au reste admirablement tenus, nous avons déjà eu l'occasion d'en parler en étudiant les tramways à câbles, et nous avons même ajouté que pour des raisons locales la traction électrique serait peut être substituée à la traction par câble, les voies devant être déplacées sur la demande de la municipalité. C'est donc à ce point de vue que nous avons pensé devoir revenir sur la partie électrique du réseau.

Nous donnons une carte du réseau des tramways de Danver indiquant les tramways à traction par câble, à traction à vapeur et à traction électrique. (Pl. 107).

Nous avons tracé tout le réseau électrique partagé cependant en cinq compagnies différentes, mais ce qui nous préoccupe dans cette étude est surtout la question technique et l'ensemble est bien plus intéressant que la question de l'organisation de l'exploitation. En effet, cette organisation change très souvent en Amérique où la spéculation soude deux compagnies, en englobe deux autres, etc., etc..... en quelques jours.

Nous devons ajouter que dans certains endroits les cars électriques empruntent les voies des câbles pour passer d'un côté à l'autre du réseau.

La compagnie de Danver electric tramway exploite 121 kilomètres de voies ; à l'origine plus de un million de francs furent dépensés en pure perte en essais de canalisation électrique souterraine ; en été, le service était à peu près assuré, mais dès que le mauvais temps arrivait les courts circuits se présentaient de tous les côtés, il a fallu abandonner le système et adopter le conducteur aérien.

La ligne est posée en rails Vignole noyés dans la chaussée qui est en asphalte, la traverse est noyée dans le béton qui est placé en dessous de l'asphalte. La conductibilité des joints est assurée au moyen d'une plaque en cuivre fixée à chaque rail.

L'exploitation du réseau est dirigée d'une manière très exceptionnelle, les trains n'ont pas d'horaire, mais dès qu'un conducteur arrive à l'extrémité de son parcours, il le signale à un train dispatcher, qui lui indique son heure de départ.

Le train Dispatcher est installé au bureau central devant une série de téléphones correspondant à chaque ligne, il a un récepteur à casque sur la tête et une série de commutateurs qui lui permettent de communiquer avec tel ou tel poste ; au-dessus de chaque appareil transmetteur se trouve une lampe de huit bougies qui s'allume dès qu'un appel est donné, indiquant ainsi au train Dispatcher d'où vient cet appel. La fréquence des appels au moment où le service est le plus actif est de quatre à la minute en moyenne.

Afin de ne pas fatiguer l'agent en l'obligeant à forcer la voie, il a devant lui, à hauteur de sa bouche, une sorte de porte-voix qui vient déboucher devant le microphone mis en communication tantôt avec une ligne, tantôt avec une autre.

L'avantage de cette disposition qui peut paraitre exagérée pour un tramway est de permettre d'exercer une surveillance incessante sur la régularité du service, point sur lequel pèchent souvent les tramways de tous les pays du monde. Les services sont si tendus, les départs tellement rapprochés que le moindre retard désorganise tous les horaires ; on s'explique donc jusqu'à un certain point cette disposition du service.

Le conducteur aérien est supporté par des poteaux le plus généralement en bois. Chaque conducteur est accompagné d'un feeder qui lui est relié tous les 150 mètres environ. Chaque conducteur est séparé et alimenté séparément par un feeder. La chute du voltage est peu élevée ; sur une ligne dont le terminus est à 11 kilomètres de la station de force, elle ne dépasse pas 10 volts, le voltage à la station étant de 520 volts.

La ligne est alimentée par deux grandes stations principales, qui sont réunies par un feeder spécial. Ce feeder permet, en cas d'arrêt d'une des stations, d'exploiter les sections qui en dépendent avec la force fournie par l'autre.

Le matériel roulant se compose de 114 cars moteurs et de 55 cars ordinaires destinés à être remorqués par les précédents.

Parmi ces cars, il y en a un qui mérite une mention spéciale, c'est une voiture qui peut être transformée rapidement, soit en voiture d'été ouverte, soit en voiture fermée. Les fenêtres, y compris une partie de la paroi, sont mobiles et peuvent être retirées rapidement; la partie inférieure est remplacée par un garde-fou en treillis de fils métalliques. Trente-six des cars remorqués sont à 96 places.

La station électrique de Blake Street comprend deux machines Corliss de 500 chevaux commandant deux génératrices de 400 chevaux de la Compagnie Westinghouse. La chambre des chaudières comprend quatre corps de chaudières de 125 chevaux et deux de 150. Ce sont des chaudières cylindriques tubulaires. L'usine est disposée de manière à pouvoir recevoir quatre autres machines de même force dès que le trafic le demandera.

La station de Grand Avenue comporte deux machines de 500 chevaux, type Corliss, accouplées et conduisant une transmission intermédiaire.

Les chaudières sont au nombre de 12 de 125 chevaux du même type que celle de la station précédente.

La machinerie comporte, en outre, deux machines Rice de 150 chevaux, de deux machines de 150 chevaux également, mais de types différents. Ces machines peuvent suppléer à l'une des grandes machines en cas de besoin.

Les génératrices sont au nombre de 12, toutes du type Thompson-Houston de 800 chevaux.

Le tableau de distribution est muni de coupes-circuit de Westinghouse, de commutateurs Thompson-Houston, etc., etc.

Les ateliers de réparations sont situés auprès des remises. Ces dernières possèdent des fosses sous les voies de manière à pouvoir visiter facilement les moteurs électriques. Nous avons remarqué un petit verin hydraulique monté sur un wagon qui permet de venir soulager le moteur pendant sa séparation du châssis de la voiture, le descendre ensuite et l'emporter aux ateliers.

Nous préférons toutefois à cette disposition en fosses une autre que nous retrouverons, tout le sol de la remise est abaissé de $1^m,50$ environ par rapport à la voie; les voies de remisage sont supportées sur des colonnes entretoisées, de sorte qu'on a un accès facile auprès de tout le mécanisme. Un plancher mobile vient recouvrir l'entrevoie quand il n'est pas nécessaire de procéder à l'entretien ou au nettoyage du moteur, du châssis ou des roues (fig. 86).

La West End Electric Company exploite une ligne de 17 kilomètres qui est plutôt une ligne de petite banlieue; en effet, elle réunit deux lignes de câbles et dessert toute une région occupée par des villas, des cafés concerts ouverts l'été, le jardin zoologique, Berkeley Lake, etc. La ligne longe une sorte de crête d'où on jouit d'une vue magnifique sur les Montagnes Rocheuses.

La ligne est bien construite, les rails pèsent 25 kilogrammes le mètre courant; ce sont des rails Vignole. Le matériel roulant consiste en treize cars montés sur deux trucks à deux essieux. Le nombre des places assises est de quarante, mais les plates-formes et le couloir central sont très larges, et les voitures peuvent contenir 180 voyageurs, comme cela se produit sur les Elevated de New-York.

Chaque car est actionné par deux moteurs de la Société Générale Electrique de 50 chevaux.

La station centrale comporte trois machines de 250 chevaux, à grande vitesse, type Armington, commandant trois génératrices Edison de 200 chevaux.

L'hiver le trafic est tellement réduit qu'une seule machine reste en service.

Les chaudières sont du type Stirling, il y a trois corps de 125 chevaux chacun.

Bien que la ligne soit en voie unique, on est arrivé à transporter 28 000 voyageurs en un seul jour avec les 13 cars en service.

On a installé dans la station, un groupe d'accumulateurs qui emmagasinent l'excès de production, et qui servent à éclairer des maisons particulières dans les environs de la station. On retrouve très souvent, en Amérique, cette disposition qui permet de réaliser, à peu de frais, un bénéfice souvent important.

La Danver Lakwood and Golden Electric Company exploite 29 kilomètres de lignes par l'électricité ; il y a deux ans, cette ligne était exploitée par des locomotives à vapeur, mais la compagnie, par mesure d'économie, a transformé sa ligne et a adopté la traction électrique.

La traction électrique n'est appliquée que pour la petite banlieue, mais, d'ici peu, tout le trafic, marchandise et voyageurs sera fait au moyen de la traction électrique. Des locomotives sont en construction à la Société Générale Electrique. Cette ligne a été la propriété de Barnum.

Les cars actuellement en service sont d'anciennes voitures à voyageurs dont les trucks ont été munis de deux moteurs Thompson Houston de 25 chevaux.

L'usine de force actuelle comporte deux machines de 250 chevaux et quatre générateurs Thompson Houston de 130 chevaux.

Dès que la traction électrique sera appliquée à tout le matériel, la ligne sera prolongée de 13 kilomètres en rampe à peu près continue de 60 millimètres par mètre, de manière à gagner un plateau convenant admirablement à l'installation d'une ville d'été avec de grands hôtels. De ce plateau placé au pied des Montagnes Rocheuses, la vue est admirable.

Nous ne nous arrêterons pas plus longtemps sur le réseau de Danver, réseau très prospère, mais nous pensons en avoir dit assez pour bien faire comprendre le développement que des moyens de traction bien compris peuvent donner, non seulement à des tramways, mais encore à une ville.

Tramways électriques de Milwaukee

La plus grande partie des lignes de Milwaukee ont été l'objet d'une fusion, et la nouvelle compagnie a appliqué, d'une façon générale, la traction électrique sur un réseau de 160 kilomètres.

Nous donnons le plan de ce réseau. (Pl. 108).

La force motrice est fournie par une usine centrale qui distribue le courant au moyen de feeders qui sont groupés de manière à maintenir un voltage uniforme sur la ligne; on y est arrivé d'une manière très satisfaisante, mais seulement après un certain nombre de tâtonnements. Du reste, cette distribution n'est pas définitive, les déplacements de trafic, l'augmentation de ce trafic sur certaines sections, sont choses variables et la question mérite d'être suivie de très près, des mesures fréquentes sont prises et des modifications apportées dans la canalisation dès que le besoin s'en fait sentir.

Les feeders sont du système Edison, ils consistent en un câble isolé sous plomb et posé dans le sol ; ils sont reliés au conducteur aérien par des câbles flexibles.   -

La ligne traverse plusieurs ponts tournants ; les feeders traversent le lit de la rivière alimentant la section du conducteur interrompu ; lorsque le pont est en place, le conducteur du pont se trouve à nouveau dans le circuit.

La station centrale électrique comporte une batterie de neuf chaudières Galloway de 350 chevaux chacune, la chambre de chauffe est disposée de manière à recevoir une deuxième batterie de même force, en construction actuellement.

Les machines actuellement en service sont au nombre de cinq, ce sont des machines à triple expansion, à pilon, commandant directement deux génératrices de la Société Générale Electrique de 100 kilowatts, soit près de 3 000 chevaux pour les cinq machines.

Cinq autres machines du même modèle sont en construction pour compléter l'installation du réseau.

La vitesse de marche des machines est de 120 tours.

La ligne est en bronze siliceux, les poteaux en treillis métallique. les moteurs sont des cars du type de la Société générale de 25 chevaux. Le réseau présente des rampes de 60 millimètres par mètre et même plusieurs de 90 millimètres. Les voitures possèdent, en outre, des freins agissant sur les roues, des freins à patin. Le rayon des courbes descend très fréquemment à 13 mètres. (Voir pour les freins à patin, pl. 143-144).

Tramways électriques de Minneapolis à Saint-Paul

Nous donnons une vue de la station de force de ce tramway qui unit les deux cités jumelles pour montrer une installation commandée par des machines Westinghouse (pl. 109, fig. 1).

Les chaudières sont des types Stirling dont on trouvera la description dans le fascicule des chaudières ; elles sont au nombre de sept et chaque corps donne 287 chevaux.

La force motrice consiste en dix machines Westinghouse compound sans condensation, de 250 chevaux de force, commandant dix génératrices Thompson Houston de 275 kilowatts, les commandes sont faites par des courroies.

La New Haven and West Haven street Railway C°, (pl. 110, fig. 2 à 6) exploite une ligne entre New Haven et une station de bains de mer, Savin Rock; cette ligne comprend deux branchements dans l'intérieur de la ville, la longueur totale est de 16 kilomètres dont 9 en double voie.

Le matériel roulant se compose de 42 cars dont 32 sont moteurs. Les cars moteurs se divisent au point de vue de la force en sept cars ayant deux moteurs de 30 chevaux, seize cars n'ayant qu'un moteur de 30 ch. et neuf cars ayant un seul moteur de 20 chevaux.

La ligne pendant la plus grande partie de l'année n'a à faire face qu'au trafic urbain, et à un petit trafic de banlieue, mais pendant l'été le mouvement devient très considérable entre la ville et la station estivale.

Nous avons cité cette installation pour deux motifs : le premier à cause de la rapidité avec laquelle l'installation a été faite, le second parce qu'il comprend comme force motrice des machines Westinghouse attelées directement à des dynamos.

La construction et l'installation de la ligne ont été traitées avec la société Westinghouse et Church Kerr and C°. Le contrat fut signé le 6 avril 1892 et les travaux commencés le lendemain.

Les entrepreneurs étaient tenus de livrer la ligne à l'exploitation le 4 juillet. La voie était posée puisque la ligne était exploitée par des chevaux. Mais il fallait la remanier complètement pour établir la communication entre les joints des rails.

Le travail complet fut terminé le 2 juillet, les machines mises sous pression pour l'essai, et la ligne fut exploitée par l'électricité au jour dit. Il est certain que cette rapidité d'installation ne pouvait être obtenue qu'avec, soit des machines demi-fixes, soit avec des machines commandant directement les dynamos et montées sur le même bâti. Or les machines demi-fixes si répandues sur le continent, le sont très peu aux Etats-Unis, où on préfère toujours employer une machine séparée de la chaudière.

L'usine de force motrice est installée près du quai de West Haven, une jetée de 100 mètres permet de recevoir directement les charbons qui sont transportés au moyen de wagonnets sur une voie Hunt, dans un magasin à charbon situé près de la chambre des chaudières. Les

magasins à charbon sont surhaussés sur une construction en charpente
et ont un fond en trémie se terminant par un couloir qui amène le charbon devant chaque foyer. Les trémies contiennent assez de charbon
pour dix semaines de marche, temps plus que nécessaire pour attendre
que la baie soit dégagée quand elle prend pendant les grands froids.

L'installation est faite pour une force totale de 1 000 chevaux dont 500
ont été installés dès le premier jour.

Les chaudières sont du type Mammey verticales tubulaires, chaque
corps représente une force de 150 chevaux.

La particularité intéressante de la chambre de chauffe est la disposition adoptée pour le tirage (fig. 4).

Les gaz, à la sortie de la boîte à fumée, sont dirigés dans une chambre en briques contenant un réchauffeur système Lowcock disposé de
manière à absorber la plus grande partie de leur chaleur. A leur sortie
de cet appareil, les gaz sont aspirés par un ventilateur dont les ailes ont
2 mètres de diamètre, tournant à une vitesse variant suivant le nombre
de chaudières en service de 40 à 80 tours. Le ventilateur est conduit
par une petite machine Westinghouse de 5 chevaux (fig. 5).

Les gaz arrivent au ventilateur à une température peu supérieure à
celle de l'eau d'alimentation.

La cheminée ne dépasse le toit que de 2 mètres et à 1^m,20 de diamètre pour une force de 750 chevaux.

La production des chaudières est doublée quand le ventilateur marche
à son maximum de vitesse, et sans que la chaudière en souffre.

Il est certain que le tirage par aspiration est de beaucoup supérieur
au tirage par insufflation et nous avons toujours été étonnés de voir
combien peu on cherchait dans cette voie, il est positif que la plus belle
application du tirage forcé et la plus satisfaisante, est le tirage obtenu
par l'échappement dans la locomotive, et c'est un tirage par aspiration ;
l'eau sortant des réchauffeurs est à 100 degrés environ au moment
de son entrée dans la chaudière.

Les machines motrices n'ont qu'un seul condenseur à injection.

Les machines sont au nombre de six, de 200 chevaux de force, actionnant des dynamos à faible vitesse de 160 chevaux. Les machines sont
du type que nous avons déjà décrit.

Nous ferons remarquer que l'installation complète de 1 000 chevaux
avec chaudières indépendantes, n'occupe qu'une surface de terrain de
22 mètres sur 18. La surface par cheval électrique avec tous ses acces-

soires, dépôt de charbon, etc., est de 0^{m^2},40; dans une installation du même genre, mais de 8 000 chevaux, faite par la même compagnie de construction, cette surface est descendue à 0^{m^2},20.

La consommation de charbon est peu élevée, ce charbon coûte 20 fr. la tonne, et le prix du charbon consommé par voiture kilomètre est de 0 fr. 025.

Tramways électriques de Brooklyn

Le système de tramways de Brooklyn portant le nom de Brooklyn City Railroad C°, est partagé en deux sections commandées chacune par une usine centrale de 12 000 chevaux de force.

La plus récente de ces installations occupe l'angle des avenues de Kent et de Durnow, elle ressemble à la première, mais avec quelques modifications (pl. 114).

La surface du terrain occupé par les bâtiments est de 68 mètres sur 36. Les fondations sont en granit et ne pèsent pas moins de 12 000 tonnes, reposant sur une couche de béton ayant de 2^m,50 à 3 mètres d'épaisseur recouvrant des pilotis. La nature excessivement fluide du sol avait forcé à prendre ces précautions.

La construction est entièrement en fer, en briques et en granit.

Le bâtiment est partagé en deux sections, la chambre des chaudières et la chambre des machines.

Les chaudières occupent deux étages, et au troisième se trouvent les magasins à charbon munis de trémies distribuant le combustible devant chaque porte de foyer (pl. 113, fig. 1).

Les chaudières sont au nombre de quarante, réparties en vingt batteries de deux corps de 250 chevaux. Les chaudières sont du type Babcock et Wilcox.

Les cendres sont versées dans des conduits verticaux qui viennent déboucher dans des wagonnets.

Les machines sont du type tandem compound et de 2 000 chevaux de force. Diamètre des petits cylindres, 1^m,810; diamètre du grand cylindre, 1^m,570 ; course 1^m,524; conduisant directement une génératrice à 12 pôles de la Compagnie générale électrique de 1 500 chevaux utiles. L'induit de la dynamo est monté directement sur l'arbre de couche de la machine à la place du volant. On a toutefois conservé un volant, mais relativement léger par rapport à la machine.

Les machines sont rangées trois par trois en face les unes des autres.

Au-dessus de chaque rangée de machines roule un pont roulant de 15 mètres de portée permettant d'effectuer facilement toutes les réparations même des pièces les plus lourdes.

La station de Southern, déjà en fonctionnement depuis trois ans, occupe un emplacement de 29 mètres sur 114. Nous donnons une coupe de ces divers bâtiments (pl. 111-112).

La chambre des chaudières renferme vingt corps Babcock et Wilcox de 250 chevaux chacun.

Les cendres tombent directement dans des wagons placés dans le sous-sol. Des wagonnets amènent le combustible devant le foyer.

La canalisation de vapeur présente une disposition très intéressante dont nous donnons le plan.

Chaque corps peut être ou isolé ou mis en communication avec l'un ou l'autre des collecteurs de vapeur qui vont d'une extrémité à l'autre de la chambre des chaudières et de la chambre des machines.

La disposition des machines est également nouvelle. Nous allons en dire quelques mots.

Les machines sont du type compound; elles doivent donner 900 ch. à la marche la plus économique, mais pouvoir en développer 1500 si cela est nécessaire à un moment donné. Ces machines (pl. 111-112, fig. 132) commandent par courroie des génératrices Thomson-Houston de 500 kilowatts; les génératrices sont placées à un étage supérieur de manière à pouvoir donner assez de longueur aux courroies qui sont au reste maintenues en tension par un tendeur dont nous donnons un croquis (pl. 113, fig. 3).

L'ensemble du réseau est de 288 kilomètres qui seront entièrement exploités par la traction électrique dès que la troisième des stations sera terminée; l'ensemble représentera donc une force totale de 20000 chevaux, y compris les réserves, soit en service réel 10000 chevaux, soit 35 chevaux environ par kilomètre.

Avant de quitter cette installation, nous désirons attirer l'attention sur le peu de place occupé par des machines de cette puissance, horizontales et avec commande par courroies. Tout est symétrique et tout est parfaitement accessible.

Nous ferons remarquer aussi l'importance attribuée aux sécheurs et aux réchauffeurs d'eau d'alimentation. Avant d'atteindre la cheminée, les gaz traversent une série de réchauffeurs d'où ils sortent à la température de 150° seulement (pl. 113, fig. 3 et 4).

L'intérieur de la chambre des machines est revêtu de briques vernissées blanches et roses. Tout est remarquablement fini; on trouve souvent des installations très élégantes aux États-Unis,, où on soigne les machines plus que partout ailleurs.

Tramways de Salem Lynn and Boston Railroad C°

Cette Compagnie embrasse un réseau de 210 kilomètres qui doit être entièrement exploité au moyen de la traction électrique. Le réseau est partagé en trois sections, chacune étant commandée par une station centrale de 3000 chevaux de puissance.

Les machines sont du type Corliss-Hamilton tandem compound à condensation, ces machines développent chacune une force de 400 chevaux en marchant à la vitesse de 62 tours à la minute. Les volants ont 6^m,650 de diamètre. Chaque machine possède un condenseur d'eau spécial à injection, de manière à ce que l'imperfection du vide d'un condenseur ne puisse se faire sentir aux autres machines.

Les machines commandent par courroies une dynamo à quatre pôles de la Société Générale.

Les chaudières sont du type de la Nationale Waters tube Boiler Company; chaque corps représente 250 chevaux. Ces corps sont groupés deux par deux, il y a quatre de ces groupes.

Nous donnons un plan de cette installation qui comporte également une installation très complète de réchauffeurs, très employés en général aux Etats Unis, ce qui explique souvent la production très élevée des chaudières américaines. L'eau arrivant à près de 100 degrés dans les chaudières, l'avantage est énorme; c'est un point qui est souvent négligé dans nos installations un peu anciennes, que par esprit d'économie on ne veut pas changer.

Tramways électriques à Chicago

Les tramways électriques ont peu pénétré au centre de la ville, la place était prise par le magnifique réseau de tramways à câbles dont nous avons déjà parlé. L'exploitation par câble convenait mieux que tout autre système à l'énorme débit que ces lignes sont tenues d'assurer tous les jours.

Mais dans les quartiers un peu excentriques, la traction électrique a repris tous ces avantages et, de tous les côtés, on trouve des installations fort intéressantes, qui relient la grande et la petite banlieue de Chicago (banlieue située dans l'enceinte théorique de la ville), avec les têtes de ligne des tramways à câbles, ou même pénétrant dans l'intérieur de la ville.

Un des réseaux les plus intéressants à étudier est celui de Calumet and South Chicago.

South Chicago est une ville industrielle très importante, située plus loin que Jackson Parc, à 16 kilomètres du centre de Chicago ; c'est encore Chicago, mais séparé par la prairie qui surgit partout entre la ville de bois construite autour du World Fair en prévision de l'inondation des visiteurs qui était prévue. South Chicago est réuni avec Chicago par plusieurs lignes, et l'Illinois central dessert cette localité par des trains partant de dix minutes en dix minutes, dans chaque sens.

South Chicago, centre métallurgique et industriel énorme, est situé entre le lac Michigan et le lac Calumet, destiné à être plus tard le vrai port de Chicago, quand la rivière qui sert de port actuellement aura été comblée par toutes les immondices qui s'y déversent de toutes parts.

Le réseau commence à la 64e rue pour se terminer à Kensington à la 119e rue, soit à 22 kilomètres du centre de la ville, à la hauteur de Pullman City.

Pullman City a été également réuni à ce réseau qui vient se souder au précédent à la hauteur de Burnside. Le développement total de la ligne est de 70 kilomètres environ.

Les rails pèsent 40 kilogrammes par mètre courant, et sont du type courant que nous avons décrit, type sans gorge; dans les parties situées en dehors des voies publiques, le rail employé est un rail Vignole de 35 kilogrammes.

Le conducteur est en cuivre, du diamètre courant de $8^{mm},25$; les feeders sont portés par les poteaux de support du conducteur. Le conducteur est soutenu à la manière ordinaire par des câbles tendeurs attachés au poteau, ces câbles sont en fils fins, et ont 7 millimètres de diamètre.

Le retour du courant se fait par les rails, réunis entre eux par des fils de cuivre rouge de 8^{mm},25, soudés et rivés dans des trous percés dans l'âme du rail.

Tous les cars sont montés sur des châssis Mac Guire dont nous reparlerons, ils ont comme moteur, pour le plus grand nombre, des moteurs à simple réduction de la Compagnie Générale, d'autres sont muni du détroit Electrical motor dont nous donnons un croquis (pl. 121).

Ce moteur ne comporte qu'une dynamo qui est placée sous la voiture de telle façon que l'arbre de l'induit soit perpendiculaire aux essieux qu'il attaque par deux pignons.

Les roues d'angle, calées sur les essieux, sont placées en sens inverse de manière à ce que les roues du véhicule soient entraînées dans le même sens.

La roue d'engrenage n'est pas du reste calée directement sur l'essieu mais bien sur un manchon venant attaquer l'essieu par l'intermédiaire d'un système de ressorts qui amortit les chocs au démarrage tout en les facilitant ; l'induit est du type Gramme, l'inducteur est à quatre pôles.

La force des moteurs est de 30 chevaux.

Le système paraît avoir donné satisfaction car la compagnie continue à commander des moteurs de ce genre pour ses nouvelles voitures. Le commutateur contrôleur, ressemble à celui adopté par la Société Générale il se compose d'un arbre vertical portant des touches disposées en hélice permettant, suivant le déplacement successif de l'arbre, d'obtenir cinq combinaisons ; en dépassant la position d'interruption du courant, on obtient le renversement de la marche.

Le rhéostat est très simple et composé de lames de fer, il ne sert que pendant les démarrages.

La station centrale située à South Chicago, contient deux génératrices type Detroit et deux de la Société Générale, toutes les quatre à quatre pôles et de 90 kilowatts ; nous ne parlons plus en général du voltage qui est très uniformément fixé à 500 volts.

Ces génératrices sont commandées par deux machines Armington de 250 chevaux et la vapeur est fournie par des chaudières Stirling.

La seconde station est à Burnside, elle comprend cinq machines système Ball à grande vitesse de 250 chevaux commandant autant de génératrices multipolaires provenant de l'usine de Detroit. C'est cette machine qui, en réalité, met en marche tout le réseau, la précédente usine plus ancienne sert de réserve pendant les jours où il y a le plus d'affluence.

Les poteaux sont soit en bois soit en tubes d'acier emmanchés télescopiquement et scellés dans de la maçonnerie. Sur l'embranchement de Pullman on rencontre, sur la partie du tracé qui quitte la voie publique, une rampe assez forte avec des courbes assez prononcées ; dans cette partie, sur ces rails de 30 kilogrammes, type Vignole, un car moteur en remorque facilement deux autres contenant en tout 120 voyageurs, et représentant un poids total de 24 tonnes ; les rampes atteignent 25 millimètres par mètre.

Station de force des tramways de New-Jersey

Le réseau de cette compagnie atteint 128 kilomètres. Il est exploité au moyen d'une seule usine centrale ainsi que nombre d'ingénieurs le préconisent. Les machines sont verticales à pilon, compound et commandent un volant composé de deux poulies indépendantes pesant chacune 17 tonnes, l'emplacement occupé par les machines est de 8 mètres sur 5. Les machines sont faites pour marcher à une vitesse de régime de 90 tours à la minute. Le diamètre des cylindres sont respectivement de 450 millimètres et 900 millimètres de diamètre avec une course commune de 900 millimètres.

La force de ces machines est de 400 chevaux pouvant en développer 600.

Les machines sont au nombre de six représentant ou une force à marche très économique de 2400 chevaux ou, un peu moins économique de 4000 chevaux.

Les chaudières sont du type Corliss vertical (pl. 115, fig. 1).

Le combustible est approvisionné dans un magasin supérieur situé au-dessus des chaudières, le fond de ce magasin est disposé en gouttière pour permettre au charbon de glisser librement dans des gaines de distribution qui l'amènent devant chaque chaudière.

Les chaudières sont au nombre de 12, distribuées par batteries de trois, chaque groupe de six est desservi par une cheminée spéciale.

Chaque machine conduit une dynamo de 200 kilowatts, la conduite est faite par courroies.

Nous donnons des plans et des coupes de cette installation qui est fort intéressante (pl. 115 et 116, fig. 2 et 1, 2, 3, 4).

Tramways de Woodland avenue à Cleveland

Le réseau de cette compagnie comprend 52 kilomètres. Il ne présente rien de particulier comme installation de la ligne, mais l'usine centrale de force mérite qu'on s'y arrête. La Globe, Iron, Works, C° de Cleveland qui a construit les machines a appliqué des types qu'elle construit couramment pour la navigation.

Les chaudières sont des chaudières marines à retour de flammes, à trois foyers intérieurs ondulés type Adams, les tubes ont 90 millimètres de diamètre, les chaudières sont réunis par groupes de trois avec rampant unique conduisant les gaz à la cheminée (pl. 116, fig. 5).

Chaque chaudière est d'une puissance de 500 chevaux. Trois chaudières sont en place, mais le bâtiment prévoit l'installation de trois autres corps symétriquent placés par rapport à la cheminée.

Les machines sont à triple expansion marchant à 120 tours, elles font 900 chevaux ; chacune commande deux dynamos Westinghouse de 250 chevaux (pl. 117).

Les machines sont comme nous l'avons dit du type de la marine, construit journellement par la compagnie pour les navires sortant des chantiers de Cleveland, cependant on a modifié la distribution, le changement de marche, et introduit un régulateur Allen Porter. Un dispositif permet en outre d'isoler un cylindre pour ne marcher qu'avec les deux autres.

Le graissage est tout entier assuré automatiquement, les pièces en mouvement sont même graissées au moyen de tubes télescopiques qui peuvent distribuer l'huile sur les parties frottantes même pendant la marche.

Les moteurs des cars sont du type Westinghouse à un seul relai d'engrenages.

C'est un exemple très récent, de la tendance des américains à imiter les constructeurs européens qui adoptent souvent la commande directe des dynamos génératrices par les machines.

Un pont roulant supérieur dessert les machines en cas de réparation.

Le tableau de distribution est placé en face des machines dans leur salle même.

Atlantic avenue Railroad C° Brooklyn

Cette compagnie vient de terminer une très puissante installation de 5800 chevaux qui présente tous les derniers perfectionnements, les constructeurs cependant ont conservé la commande des dynamos par des courroies.

Les chaudières sont au nombre de 12, de 500 chevaux du type Babcock et Wilcox, rangées en batteries les unes en face des autres dans une chambre spacieuse de 45 mètres de longueur sur 21 mètres de largeur. L'éclairage est assuré la nuit par une série de lampes à arc (pl. 118, fig. 1)

Les huit machines sont de la force de 700 chevaux, sauf une qui n'a que 400 chevaux de force. Les machines sont disposées en compound tandem, nous en donnons un croquis (pl. 118, fig. 2 et pl. 119).

Chaque machine commande une dynamo de 700 chevaux, sauf la machine la plus faible qui en conduit une de 400 chevaux; les génératrices sont du type Westinghouse.

Le condenseur est commandé par une machine Corliss spéciale

La commande des dynamos est faite par courroie, un brin passe en dessous du parquet.

L'ensemble de cette usine est fort remarquable et très bien traité.

La chambre des machines est éclairée la nuit par une série de lampes à arc et de lampes à incandescence. Un pont roulant passe au-dessus de toutes les machines permettant ainsi le levage et le démontage des moteurs et des génératrices.

Nous indiquerons encore un type de machine à commande directe étudiée par M. Strong et qui présente des dispositions très intéressantes, la machine est à triple expansion à quatre cylindres en tandem deux par deux. Elle marche avec une admission de vapeur à 19 kilogrammes. (pl. 120, fig. 1 et 2). Les manivelles sont calées à 180°, de manière à équilibrer les pièces en mouvement.

Le cylindre d'admission et le cylindre intermédiaire sont munis de tiroirs équilibrés, les deux cylindres de basse pression, de tiroirs plans à grille. La machine n'a pas de volants, ceux-ci sont remplacés par les induits de deux dynamos multipolaires. La vitesse de marche est de 300 tours. Les machines les plus puissantes construites sur ce modèle ont 2500 chevaux de force.

Nous avons cru devoir donner des indications sur ce type, qui montre une tendance dans la construction américaine, vers les machines à grande vitesse très équilibrées et à action directe.

Matériel roulant et matériel divers

Dans l'étude du matériel roulant, nous distinguerons deux éléments distincts: le châssis et le mécanisme y compris la canalisation électrique, le mécanisme et la caisse.

Autrefois, tous les châssis de voitures de tramways étaient en bois, et les plaques de garde en fonte ainsi que les roues.

On a pu encore conserver les châssis en bois pour les voitures à traction par câble, qui n'ont point de poids à supporter, mais il n'a pu en être ainsi pour les tramways électriques qui doivent d'une part supporter le poids des appareils, de l'autre, résister aux efforts des moteurs.

Aussi emploie-t-on, depuis plusieurs années, des châssis métalliques dont on trouvait beaucoup d'exemples à l'exposition.

Un des plus intéressants était le châssis Mac Guire dans lequel on trouve une disposition reproduite dans beaucoup d'autres châssis que nous allons passer en revue (pl. 121, 122 et 124).

Le longeron est constitué par une tôle d'acier emboutie comme dans le châssis Fox. Ce châssis porte une nervure continue, une nervure également emboutie est rivée dos à dos avec la précédente.

Le châssis dans les voitures électriques porte l'arrière du moteur par l'entremise d'une traverse qui entretoise les deux longerons. Le châssis est suspendu sur la boîte par un ressort à boudin n'ayant qu'une flexibilité très limitée.

Ce premier châssis porte un système de ressorts à pincette et à boudins destiné à supporter la caisse qui profite des deux suspensions.

Les châssis sont très simples, très légers et très solides.

Mac Guire a également construit des trucks à quatre roues dont nous donnons le dessin.

Ce truck ressemble beaucoup à ceux construits en Europe.

Ce système de construction a aussi été appliqué aux trucks à trois essieux, dont deux à déplacement radial Robinson, ainsi qu'au Bicycle Truck.

Ces deux dispositifs ont un même but, donner aux essieux un mouvement radial, tout en ne conservant que deux essieux moteurs portant la charge ou, tout au moins, la plus grande partie de la charge. En effet si on veut employer le truck, il est nécessaire d'accoupler les essieux de chaque groupe, comme nous le verrons plus loin. Mais il faut accepter tous les inconvénients de l'accouplement.

Dans le châssis Robinson, les essieux extrèmes sont montés à pivot, ils sont un peu excentré par rapport à l'essieu médian, quatre galets viennent supporter la caisse. Le châssis de chacun de ces essieux est attelé au châssis de l'essieu médian qui ne porte qu'une faible partie de la charge et n'est pas chargé directement par la caisse (pl. 12, fig. 1, 2, 3).

Le châssis de cet essieu est guidé horizontalement par quatre galets roulant sur des rails fixés sous la caisse, perpendiculairement à la voie.

Le rôle de cet essieu est de déterminer la radialité des deux essieux extrèmes : en effet, en se déplaçant d'un côté ou de l'autre, sous l'influence d'une courbe, il fait pivoter les châssis de ces essieux.

Le mouvement radial ne peut se produire que quand le second essieu est lui même dans la courbe, et il est contrarié tant que les trois essieux n'y sont pas. C'est une solution qui a été très cherchée et dont on connait bien des exemples en Europe.

Le bicycle nous paraît beaucoup plus satisfaisant.

C'est, en somme, un boggie à deux essieux, dont les roues sont d'inégales grandeurs; les grandes reçoivent presque toute la charge, les petites roues n'ayant que le rôle de directrices.

Les petites roues sont calées sur un essieu qui n'est pas suspendu ; bien entendu, les deux roues de faible diamètre sont toutes les deux du côté du centre de la voiture, de manière à ce que la voie soit attaquée toujours par un essieu chargé.

Beaucoup d'autres solutions du même genre ont été proposées et ne diffèrent que par des détails; nous ne saurions trop signaler les bons résultats obtenus partout où on les a employés. Les châssis, mieux soutenus, fatiguent moins, les voitures sont plus stables ; enfin, les passages dans les courbes sont excellents.

Le Truck Imperial de Fulton Truck and Formdy Cᵒ, à Cleveland, est du même genre. Nous en donnons un croquis portant un chasse-pierre destiné à écarter les piétons qui auraient été renversés par le car (pl. 127).

Nous donnons également le croquis d'un truck à six roues, mais à

deux essieux seulement. Les roues sont indépendantes ; elles ont chacune deux boîtes à graisse ; les jantes n'ont point de boudin.

Au contraire, deux petits essieux précèdent et suivent les roues, les
dirigeant dans les courbes.

La tentative est au moins originale.

Le Sioux City Iron Works construit également un châssis New Co-
lombian, qui ressemble beaucoup au Truck Mac Guire.

Ces trucks ont été encore simplifiés et construits en fer forgé.

Nous donnons deux types de trucks de Dorner et Dutton à suspension
par ressort à boudin et à pincette, qui sont d'une extrême simplicité
(pl. 126).

La Compagnie Bernis Car Box, de Springfield, (Mass.), exposait aussi
deux châssis pour voitures à deux essieux et un truck pour voiture sur
boggies. Les longerons sont formés de cornières assemblées (pl. 125).

Dans le truck, la charge n'est portée pour la plus grande partie que
par un essieu. En réalité le pivot est supprimé et remplacé par deux
glissières.

Nous donnons également une vue du châssis de la Baltimore Car
Wheel C°.

Ce châssis est composé de tôle emboutie contreventée par des tirants
en tubes d'acier.

La caisse vient reposer sur de légères bandes de-fer qui maintiennent
la suspension en place, mais tout l'effort est supporté par la caisse elle-
même.

Nous donnons la vue d'un longeron, d'une boîte à graisse dans les
glissières et une coupe de la boîte, le principe de la suspension de la
caisse sur le châssis est toujours observé.

Le châssis Taylor destiné aux cars électriques est également métallique. Dans le but d'éviter le mouvement de galop qui se produit toujours dans des véhicules à essieux si rapprochés et avec des porte-à-faux
aussi considérables que dans les cars à deux essieux, des ressorts en
antagonisme avec les ressorts à pincettes servant à la suspension, entrent en jeu pour combattre ce mouvement dès qu'il cherche à se produire (pl. 127).

D'autres constructeurs emploient encore le bois dans le but de diminuer le poids, nous pouvons citer les châssis de la Fulton Fondry C°,
employé surtout pour les tramways à câbles qui n'ont point à supporter de grandes charges comme les châssis des voitures électriques.

Le principe est tout autre, les quatre boîtes sont entretoisées par un châssis inférieur à ces boîtes auquel il est directement boulonné. Les longerons sont en bois, les traverses de tête placées en avant et près des roues sont en fer plat double, la lame supérieure étant en forme d'arche deux fois coudée; la pièce d'attelage vient se prendre en ces deux fers plats. La liaison est complètée entre les deux longerons par une forte pièce de bois rectangulaire renforcée par des tôles. Cette pièce porte les arbres du frein et, dans les câbles cars, le support du grip.

Le châssis ainsi constitué vient supporter par quatre ressorts à pincette et quatre ressorts à boudins un châssis léger en bois et métal destiné uniquement à être fixé à la voiture.

Pour lier ce châssis et la caisse par conséquent, plus intimement que par l'intermédiaire des ressorts, qui en cas d'efforts longitudinaux seraient dans de mauvaises conditions pour résister, chaque boîte à graisse porte un guide cylindrique vertical en fer sur lequel vient glisser une pièce en fer en forme d'étrier percée d'un trou. Ces châssis sont très bons, mais ils demandent une voie bien plane et n'admettent pas le dévers dans les courbes, car à l'entrée, lorsque le premier essieu est sur le dévers alors que le second est encore sur la voie plane il se produit une torsion d'autant plus grande que la dénivellation l'est elle-même. .

Nous donnerons encore un type fer et fonte de la Saint-Louis Car C° (pl. 127).

Les longerons sont formés par deux fers à U placés gorge contre gorge, et venant prendre entre eux des pièces en acier coulé portant les glissières des boîtes à graisse, les boîtes des ressorts et les supports des ressorts ainsi que les supports des freins, il n'y a pas de faux châssis, les ressorts portent à leur partie supérieure des patins qui viennent se fixer dans le brancard de la caisse.

L'emploi de l'acier coulé est fort hasardeux, cependant ces châssis font un bon service, c'est qu'il s'agit d'un acier coulé de très grande ténacité, coulé sous des formes très appropriées.

En règle générale les roues des cars sont en fonte trempée en coquille comme les roues de chemins de fer, les roues font de 30 à 60 000 kilomètres puis sont cassées et fondues à nouveau.

Nous ne saurions admirer cette manière de procéder et nous préférons de beaucoup le bandage en acier rapporté, et nous pensons qu'on en viendra là, même en Amérique. Il y a toutefois une tendance à employer les roues en acier coulé, mais on a, avec le désavantage d'un prix plus, élevé, une moins grande durée de la jante à l'usure, car la fonte coulée en coquille est trempée très profondément et excessivement dure.

Enfin nous terminerons cette étude des trucks par l'examen d'un type qui se rapproche plus du matériel des chemins de fer que des tramways.

Le truck dont il s'agit est l'Eickelmeyer Field Bogie, il se compose d un boggie à longerons intérieurs en fonte, suspendu par huit ressorts à boudin, disposés deux par boîte et de chaque côté de la boîte, le châssis porte un faux essieu qui attaque par des bielles d'accouplement les essieux porteurs (pl. 128, fig. 1).

Le faux essieu est directement commandé par une dynamo, c'est-à-dire que l'induit est calé sur lui.

La vitesse de l'induit est bien entendu faible, elle varie de 100 à 300 tours, cette dernière vitesse correspondant à une vitesse de la voiture de 35 kilomètres à l'heure.

Le châssis en fonte est complètement fermé, comme une sorte de boîte, renfermant la dynamo et la protégeant contre la poussière, la force des moteurs est de 30 à 50 chevaux selon le service à effectuer.

Nous retrouverons plus loin cette tendance à passer du tramway au chemin de fer sans une différence bien appréciable.

La construction des cars varie beaucoup, mais les bases en sont toujours les mêmes, la caisse est en bois. Les assemblages sont toujours complétés par des pièces d'angle, cornières, équerres, etc., en tôle mince d'acier ; ces pièces qui n'ont pas plus de 2 à 3 millimètres d'épaisseur, sont embouties, non seulement pour s'appliquer à la place qu'elles doivent occuper, mais aussi pour acquérir une rigidité propre sans augmentation de poids.

Ces pièces de renfort masquées dans le bois contribuent à la légèreté et à la force de ces caisses.

Le travail est admirablement fini et soigné, les intérieurs sont très élégants, garnis en étoffes de velours épinglé et doublés en bois vernis et sculptés à la machine.

Dans certaines voitures, trois coupoles se creusent dans le plafond pour donner place à des lampes électriques éclairant brillamment la voiture. (Tramway à câble de Brodway.)

L'extérieur est toujours peint en couleurs vives et entretenues avec le plus grand soin. Les vitrages des ventilateurs sont en verre à vitraux et les glaces latérales, toujours mobiles, sont en glaces bisautées.

La longueur des caisses varie de 7 à 11 mètres sur deux essieux. Nous donnons encore diverses vues de ces voitures, soit fermées, soit ouvertes. Ces dernières sont d'un usage absolument général aux États-Unis, où pendant les chaleurs de l'été les voitures fermées ne sont pas agréables.

Les ateliers Lamokine de Chester Pa et beaucoup d'autres présentaient des types très intéressants et très soignés (pl. 130-131-132-133).

Enfin, les tramways, dans certaines villes, ont entrepris le transport des petits colis, bagages, etc., et de la poste.

Nous donnons une vue d'un wagon-poste d'Ottawa. Ce système tend à se répandre et permet de transporter rapidement les sacs de dépêches des gares des chemins de fer au bureau central et de celui-ci aux bureaux urbains ou aux gares (pl. 134).

Pour les bagages on emploie des wagons fermés sur deux essieux, ressemblant, sauf le châssis, à nos wagons à bagages d'Europe, ils peuvent porter 10 tonnes et ont comme dimensions : hauteur $1^m,80$; largeur $1^m,80$; longueur 7 mètres.

Nous signalerons un essai de voitures pouvant se transformer en voitures ouvertes ou fermées à volonté : la paroi est divisée en panneaux étroits par les montants placés à chaque rangée de sièges. Cette paroi peut se relever en se repliant sur elle-même et s'accrocher au plafond quand on désire une voiture ouverte.

Nous doutons que des panneaux aussi minces puissent rester longtemps parfaitement jointifs et, l'hiver on doit être bien exposé aux courants d'air, la tentative est toutefois intéressante, et a reçu à Portland une application très étendue.

Lorsqu'on quitte le tramway proprement dit pour aborder les lignes, qui en France, seraient désignées sous la rubrique d'intérêt local, le matériel roulant se modifie aussi. Nous donnons les dessins d'une voiture moteur en service sur une ligne de 48 kilomètres de Washington à Cœur d'Alix.

Ces cars ont 12 mètres de longueur, ils ont une capacité de soixante places assises (pl. 135 *bis*).

Un compartiment à bagages est aménagé au centre de la voiture et un second étage est ménagé au droit de ce compartiment pour ne pas perdre de place. On accède par deux escaliers intérieurs.

Les trucks sont du type « maximum » de la Société Laclède de Saint-Louis (pl. 135).

Les roues motrices ont 1^m,06 de diamètre et les roues porteuses 0^m,750. Chaque essieu moteur est commandé par un moteur Westinghouse de 45 chevaux. La voiture avec ses moteurs pèse 9 tonnes.

Lorsque le service le demande, la voiture remorque des voitures ordinaires sans moteurs.

La commande des moteurs peut se faire, soit de la plate-forme, soit du compartiment supérieur.

Les tramways de Saint-Louis emploient également des wagons-poste montés sur trucks de chemins de fer ordinaire avec moteurs de 25 chevaux.

Chaque car fait 190 kilomètres par jour à une vitesse de 20 kilomètres à l'heure. Les facteurs sont réunis sur certains points, et reçoivent les plis triés qui doivent être distribués par chacun d'eux.

On a pu ainsi, tout en diminuant beaucoup le nombre des facteurs accélérer considérablement le service.

Nous donnerons encore comme service de chemins de fer, le service effectué sur la ligne du Cayadutta électric Railroad Gloversville, New-York. Cette ligne qui a 28 kilomètres de longueur réunit Johnstown à Gloversville est exploitée entièrement par l'électricité, et elle possède pour les marchandises, des machines qui peuvent remorquer une charge de 150 tonnes en rampe de 35 millimètres par mètre (pl. 136).

Le service des voyageurs est assuré par des cars-moteurs dont nous donnons le plan et l'élévation.

Le car a 11 mètres de longueur et 2^m,400 de largeur. Une des plates-formes est fermée et renferme le motorman, en arrière de cette plate-forme se trouve le compartiment des bagages, puis un fumoir et enfin un compartiment pour les voyageurs ordinaires ; la plate-forme donnant accès dans la voiture est fermée, vestibulée suivant le terme consacré en Amérique. La voiture peut remorquer plusieurs voitures ordinaires. Chaque truck comporte comme moteur, un moteur de 30 chevaux. La vitesse de marche est de 55 kilomètres à l'heure. La ligne est placée sur une plate-forme indépendante.

La neige gêne encore plus les tramways que les chemins de fer, aussi a-t-on du s'en préoccuper très sérieusement et on retrouve sur les tramways électriques les charrues à neige et les appareils rotatifs que nous avons vu sur les grandes lignes. Nous citerons la machine rotative de Ruggle, les charrues Mogul des tramways de Minneapolis, où la radial Snow Plow de la ligne de Danver à Summersworth.

Enfin, les charrues dégagent bien la voie, mais laissent une couche de neige qui gène la circulation, aussi emploie-t-on un balayeur électrique qui achève de nettoyer la voie, et, qui lorsque la neige est peu abondante suffit parfaitement.

Le car comporte deux cylindres balayeurs qui peuvent être abaissés à volonté ; chaque cylindre nettoie un rail et est commandé par un moteur spécial, la vitesse de rotation des balais étant ainsi rendue indépendante de la vitesse de marche du véhicule porteur, on peut obtenir un balayage excellent (pl. 137, fig. 1).

L'entretien des conducteurs aériens nécessite des voitures spéciales, ce sont des véhicules traînés par des chevaux pouvant rouler sur la voie, mais faciles à dérailler pour laisser passer les voitures en service ; ces voitures portent une plate-forme supportée par des bras à charnière ; la plate-forme peut donc se mettre à la hauteur nécessaire pour que les ouvriers puissent travailler facilement, ou l'abaisser de manière à pouvoir circuler sans être gêné par la hauteur.

Certaines de ces voitures sont disposées de manière à permettre l'entretien de la ligne sans interruption du service, c'est installé ainsi à Montréal ; la plate-forme et les montants sont en bois, donnant un isolement suffisant.

Nous donnons des croquis de ces appareils (pl. 137, fig. 2 à 4).

Il ne nous reste plus qu'à dire quelques mots des appareils accessoires. En premier lieu, le chauffage occupe une place importante ; en général on se sert de petits calorifères à air chaud, et on rencontre très peu de thermosyphons ; enfin, on essaie des calorifères électriques destinés aux lignes exploitées par l'électricité.

Ce système exposé par la Consolidated Car Heating Company d'Albany consiste en une série de fils en fer galvanisés, enroulés sur des cylindres de porcelaine (pl. 138).

Un commutateur permet de faire varier l'intensité du courant et par conséquent la chaleur développée.

Chaque cylindre est enfermé dans une boîte qui permet à l'air chaud de s'échapper.

Le commutateur est disposé de manière à éviter tour court circuit ; cet appareil ne paraît pas devoir se développer, car il est probable que l'expérience montrera que le chauffage est obtenu à un taux bien élevé.

Nous avons déjà dit que l'éclairage était obtenu soit par des lampes électriques, soit par des lampes à pétrole, mais dans les deux cas, cet éclairage est brillant ; enfin, nous signalerons les garnitures métalliques, serrures, charnières, etc., etc., qui sont toujours d'aspect soigné et élégant.

Les supports des trollys ont donné lieu à bien des inventions, qui toutes vont bien, il s'agit bien entendu de l'appareil à ressort qui maintient le levier appliqué contre le conducteur (pl. 138).

Le support doit pivoter sur un axe de manière à pouvoir se retourner lorsque la voiture revient sur ses pas.

Nous donnons divers croquis de ces supports qui sont basés sur le même principe, du Boston Trolly.

Les conducteurs sont suspendus par des supports isolés qui doivent répondre à certaines conditions de manière à ne pas gêner le passage de la poulie du trolly (pl. 139-140-141).

De plus, il faut que ce support puisse être suspendu entre les poteaux de support. Aussi y a-t-il beaucoup de dispositifs, soit que le support ait deux oreilles si le fil doit être soutenu des deux côtés, soit une seule si le câble est en courbe, soit qu'il y ait des pattes pour être fixé à un poteau.

Puis il y a les tendeurs qui servent à régler les tensions des câbles de support ; ces tendeurs sont, soit en bois, préparé de manière à le rendre bien isolant, ou enveloppé de mica. Il y a également les supports des feeders, en général montés sur les têtes des poteaux et isolés ; enfin, nous signalerons les supports reliant les feeders au conducteur.

Nous donnons des croquis de ces différentes dispositions qui montrent, d'une manière suffisante les procédés employés (pl. 139-140-141).

Dans le but d'éviter les accidents, en cas de chute du fil, on a imaginé des supports interrupteurs de courant. Dans le cas où la rupture viendrait à se produire, des contacts maintenus seulement par la tension du fil se séparent, et la partie du fil touchant la terre se trouve séparée du courant (pl. 141, fig. 1 et 2).

Nous avons conservé pour la fin les appareils de sécurité. Ces appareils sont les freins pour la sécurité des voyageurs, et les « fenders », sorte d'appareils destinés à épargner la vie des piétons qui se feraient tamponner par une voiture en service.

En général, le frein à chaîne s'enroulant sur la tige verticale commandée par le conducteur, est toujours employé, mais sur les lignes à fortes pentes, il a fallu chercher un appareil plus puissant, et on a partout adopté le frein à patin agissant sur les rails. Ces freins sont soit à serrage direct soit à entraînement.

Nous donnons des croquis du Wood and Fowler Brake, des freins de San Francisco, et de Los Angeles ; le frein des tramways d'Hoboken, de Cincinnati et Pittsburg ; enfin, nous signalerons le sabot Lawrence qui se compose de deux flasques réunies par des blocs enchassés dans des rainures. Ce sont ces blocs faciles à remplacer qui s'usent sur le rail (pl. 143-144).

Tous ces dispositifs sont connus et tous ceux qui étaient exposés différaient peu des types que nous indiquons.

Mais le développement de la traction mécanique, surtout de la traction électrique, l'emploi de trains souvent assez longs, ont vite conduit à demander un frein plus puissant, plus maniable, et plus rapide que le frein ordinaire. On a d'abord songé à employer les freins à air comprimé d'un usage absolument général aux États-Unis. Certaines lignes ont adopté des freins Westinghouse commandés par un moteur électrique spécial et automatique.

Cette disposition est très bonne, mais elle a le défaut d'exiger un moteur spécial.

Le frein Genett, est également un frein à air, mais il diffère par bien des côtés des types ordinaires (pl. 142).

Dans ce système, la pompe de compression est commandée par un excentrique calé sur l'essieu moteur

Le frein est à action directe, il se compose en outre de deux réservoirs, l'un principal, l'autre auxiliaire.

Le robinet de manœuvre permet, soit de mettre les deux cylindres en communication avec le compresseur, l'air n'arrivant au réservoir principal qu'après avoir passé au travers du réservoir auxiliaire, soit de mettre le réservoir principal en communication avec le cylindre du frein ce qui serre le frein, cette communication ne peut se faire qu'en coupant la communication entre les deux réservoirs. On peut aussi mettre en communication la conduite du train et le cylindre de frein avec l'atmosphère, ce qui desserre le frein, cette communication ne pouvant s'établir qu'en coupant la communication du cylindre avec le réservoir principal. Ce frein, comme on le voit, est très simple et fonctionne très bien sur les petits trains tel qu'il s'en rencontre sur les tramways. Sa simplicité très grande le rend peu coûteux à établir.

Nous allons maintenant parler des « Fenders ». Nous employons ce mot n'en ayant pas d'équivalent en français. Ils sont tous basés sur le même principe, abaisser en avant de la voiture un plan incliné disposé de manière à soulever l'homme qui serait tombé devant une voiture en marche et à l'empêcher de passer sous les roues.

Dans les uns, le plan incliné peut se rentrer sous la caisse et être poussé en avant lorsque le conducteur sort sa voiture du dépôt; dans les autres le plan incliné s'abaisse de la position qu'il occupe contre le garde corps de la plate-forme lorsqu'il est relevé. Parmi les premiers nous citerons le Pfingst fender employé à Boston et qui a sauvé la vie à plusieurs personnes.

Le Cleveland life Guard est aussi du même genre, mais il se relève lorsqu'on ne s'en sert pas. Ces sortes de plate-forme sont en acier et fonte malléable, ils sont à 75 millimètres du sol et ne peuvent y venir toucher.

Le Crawford présente une combinaison du même genre, mais moins lourde et moins encombrante.

Le Field guard life affecte une forme un peu différente, les tiges qui le composent sont courbées et flexibles de manière à venir s'appliquer contre le sol si elles viennent à heurter un corps. La figure donne les positions successives du fender au repos, en service, et sous l'action d'un corps extérieur.

Au point de vue des transports il ne nous reste plus à signaler que les transports par câbles aériens assez répandus en Amérique pour le transport des minerais et des matériaux de construction. L'usine de Trenton avait exposé une installation très complète de berlines suspendues avec tambour de mise en marche de câbles remorqueurs sans fin commandé par une dynamo.

Dans la section allemande, Zipen de Cologne, avait exposé également un modèle de câble aérien qui traversait la nef principale du bâtiment de la transportation.

Nous ne parlerons qu'en passant des expositions de tous les constructeurs de matériel destiné aux chemins de fer, pièces de forge, tôles, tôles à chaudières, pièces de bronze, garnitures, roues, lampes, disques ainsi qu'aux tramways, transports de minerais, de houille, etc.

Toutefois, nous sommes obligés de citer quelques expositions remarquables.

L'Otis steel C° de Cleveland, exposait ses magnifiques plaques en acier doux embouties, soit pour foyer, soit pour enveloppe du foyer. Ces usines, admirablement installées produisent des aciers qui font un très bon service, à la condition d'être employés sur une faible épaisseur, quand on veut les utiliser pour les foyers.

On voit ainsi des tôles de flancs de foyers de 7 millimètres d'épaisseur la plaque tubulaire a rarement plus de 11 millimètres. De semblables tôles donnent des foyers durant de 7 à 8 ans.

Les entretoises sont en fer doux, les têtes simplement écrasées au marteau sans bouterollage.

L'American Balance Slide Valve C° exposait des tiroirs équilibrés d'un usage très répandu, au reste le tiroir équilibré est d'un usage absolument général dans les locomotives américaines, on ne saurait trop signaler cette disposition très simple et peu coûteuse; l'équilibre n'est que partiel, il est vrai, mais soulage beaucoup le mécanisme.

La Bethléem Iron C°, exposait des pièces de forge très remarquables, essieux de machines, bielles, etc., ainsi que des séries d'éprouvettes d'acier ordinaire et d'acier au nickel.

La Cleveland Fray and Crossing C° exposait des croisements, des aiguilles en acier forgé d'une très belle exécution, on pouvait remarquer plusieurs appareils dans lesquels le contre rail de la pointe de cœur est mobile et maintenu par des ressorts contre la pointe de cœur qui se trouve toujours protégée par le contre rail pour tous les trains allant dans une direction.

Pour les trains prenant l'aiguille en talon, le contre rail se déplace sous l'action du boudin de la roue.

Les roues, pour la plupart en fonte étaient en grand nombre, nous avons déjà dit que ces roues faisaient un assez médiocre service sous les véhicules lourds et aux grandes vitesses, on ne s'en sert plus pour les voitures de luxe et même pour une partie des voitures à voyageurs destinées à entrer dans la composition des trains de vitesse, mais elles sont d'un usage général sous les voitures ordinaires et les wagons à marchandises.

Le moulage est fait en coquille, la jante, y compris le boudin sont moulés sur une couronne en fonte, composée de segments pouvant prendre un léger jeu pour accompagner la jante pendant son refroidissement, ces segments sont refroidis soit par un courant d'air, soit par un courant d'eau, le reste du moule est en sable vert, la New-York Car Weels Works de Buffalo exposait de très beaux modèles. La rupture d'une jante montrait que la trempe pénètre a 35 millimètres de profondeur environ; des appareils d'essai étaient joints à l'exposition de roues.

La Saint-Louis Car Wheel C° exposait également de fort beaux spécimens de sa fabrication ainsi que le Baltimor Car Wheel C°.

Au reste cette fabrication est très répandue car la consommation des roues est énorme, non seulement il existe un grand nombre de fondeurs spéciaux mais tous les grands constructeurs de matériel roulant ont leur fonderie spéciale.

La Grande Bretagne exposait en dehors du matériel que nous avons écrit déjà, un train très remarquable bien dans le style anglais, du London and Worth Western.

Les voitures étaient montées sur boggie, mais avec portières latérales, le gabarit était celui qui est adopté partout en Angleterre, c'est-à-dire étroit. Les plus remarquables de ces voitures était une voiture lit, à compartiment séparés, dont la disposition était bien dans le goût du continent. On peut reprocher à cette voiture le manque d'aérage, la petitesse des couloirs. Ce défaut était surtout sensible lorsqu'on sortait du matériel américain ou canadien si spacieux et si vaste.

De nombreuses photographies de matériel, de travaux, d'art, complétaient l'exposition des chemins de fer.

Les tramways et la traction électrique n'étaient pas représentés dans cette notion.

L'Exposition Belge ne contenait que du matériel de terrassement de Legrand, des attelages et des câbles métalliques.

Nous avons déjà parlé de l'exposition française très intéressante comme machines mais qui ne contenait en dehors de cela que des dessins et des photographies, à part toutefois d'une voiture de 2° classe à deux étages, du service de la banlieue de Paris, appartenant à la compagnie de l'Ouest. Cette voiture n'était pas faite pour donner une haute idée du matériel Français.

En dehors de ses deux locomotives, l'exposition allemande comprenait deux voitures, dont une voiture de luxe, remarquable par le mauvais goût de sa décoration, deux beaux wagons à charbon, et une plateforme entièrement en acier, sortant des ateliers de Zypen de Cologne. Ce matériel donnait une juste idée de la construction allemande.

Cette exposition était complétée par une belle collection de rails, de bandages, d'aiguilles etc., et par un trophée de tubes en acier de Mannesman laminés creux.

Krupp, d'Essen, avait exposé dans son pavillon spécial, des pièces pour chemins de fer très remarquables : roues, bandages, essieux pour machines, centres de roues, essieux et bandages de wagons, tôles de chaudières, petit matériel de travaux, et, deux longerons à section carrée pour locomotives du Pensylvania à huit roues, en acier coulé.

Ces longerons avaient été travaillés et polis de manière à montrer qu'ils n'avaient aucun défaut. La métallurgie allemande avait eu le bon esprit de ne point se désintéresser de l'exposition de Chicago, comprenant qu'elle pouvait encore lutter avec la métallurgie américaine. Un seul de nos métallurgistes avait osé venir : Arbel, qui avait exposé dans la section française de la transportation de magnifiques spécimens de sa fabrication de roues, de machines, de tenders, de wagons, ainsi que ses roues en fer forgé pour l'artillerie etc., etc. Exposition qui a attiré l'attention très soutenue des grands constructeurs américains.

TABLE DES MATIÈRES

Paris. — Imprimerie E. BERNARD et Cie, 23, rue des Grands-Augustins

CHEMINS DE FER DU NORD

PARIS — LONDRES

Cinq services rapides quotidiens dans chaque sens

Trajet en 7 h. 1/2. — Traversée en 1 h. 1/4.

Tous les trains, sauf le Club-Train, comportent des 2mes classes.

Départs de Paris

Via Calais-Douvres : 8 h. 22 — 11 h. 30 du matin — 3 h. 15 (Club-Train) et 8 h. 25 du soir,

Via Boulogne-Folkestone : 10 h. 10 du matin.

Départs de Londres

Via Douvres-Calais : 8 h. 20 — 11 h. du matin — 3 h. (Club-Train) et 8 h. 15 du soir.

Via Folkestone-Boulogne : 10 h. du matin.

Les voyageurs munis de billets de 1re classe sont admis *sans supplément* dans la voiture de 1re classe ajoutée au Club-Train entre Paris et Calais.

De Calais à Londres supplément de **12 fr. 50.**

Un service de nuit accéléré à prix très réduits et à heures fixes via Calais, en 10 heures.

Départ de Paris à 6 h. 10 du soir. — Départ de Londres à 7 heures du soir.

Un service de nuit à prix très réduits et à heures variables, via Boulogne-Folkestone.

Services directs entre Paris et Bruxelles

Trajet en 5 heures.

Départs de Paris à 8 h. 15 du matin, Midi 40, 3 h. 50, 6 h. 20 et 11 heures du soir.

Départs de Bruxelles à 7 h. 30 du matin, 1 h. 15, 6 h. 20 du soir et minuit.

Wagon-salon et wagon-restaurant aux trains partant de Paris à 6 h. 20 du soir et de Bruxelles à 7 h. du matin.

Wagon-restaurant aux trains partant de Paris à 8 h. 15 du matin et de Bruxelles à 6 h. 20 du soir.

Services directs entre Paris et la Hollande

Trajet en 10 h. 1/2.

Départs de Paris à 8 h. 15 du matin, midi 40 et 11 heures du soir.

Départs d'Amsterdam à 7 h. 30 du matin, midi 55 et 5 h. 55 du soir.

Départs d'Utrecht à 8 h. 16 du matin, 1 h. 37 et 6 h. 37 du soir.

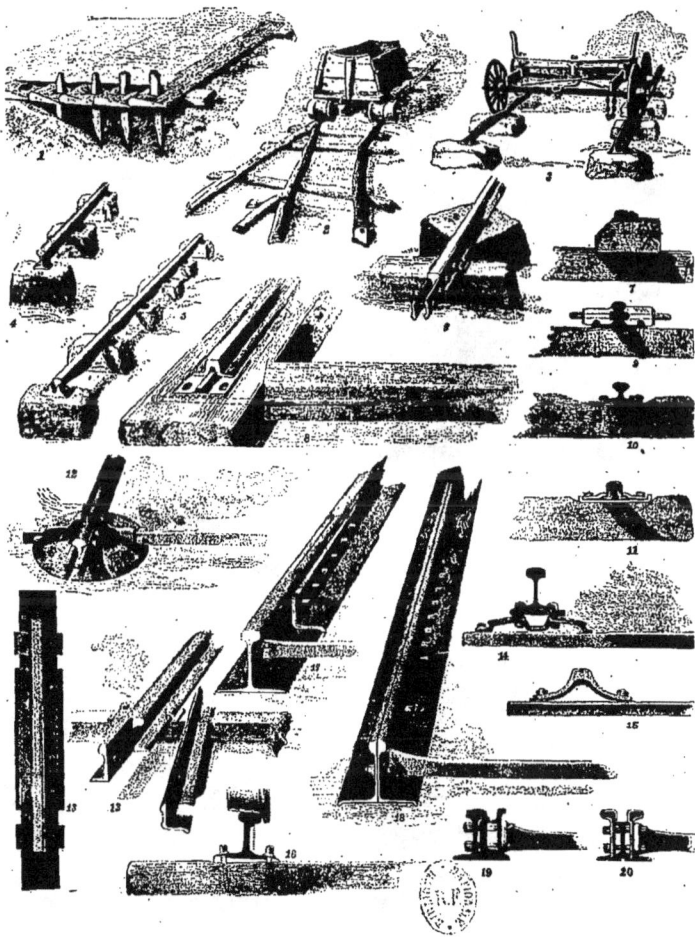

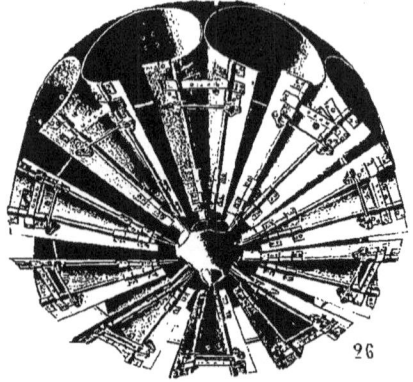

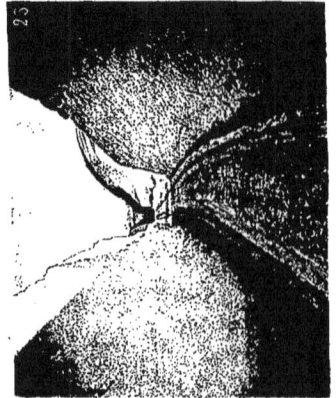

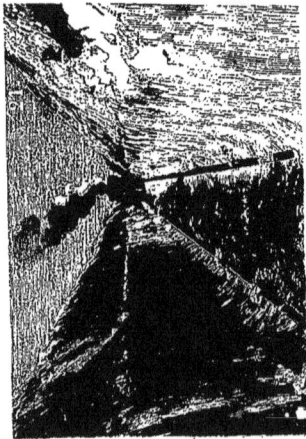

37

36

31

32

33

34

55

28

27

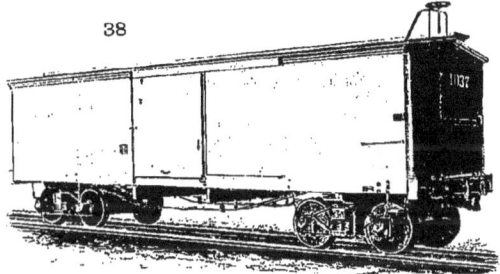

38

39

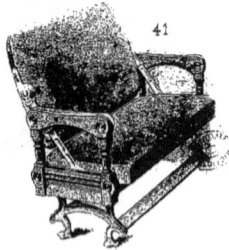

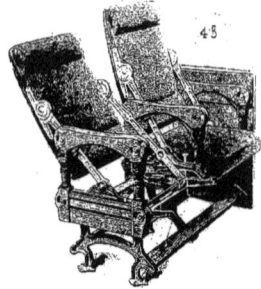

48

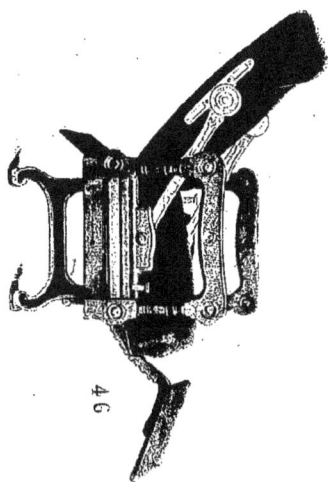

46

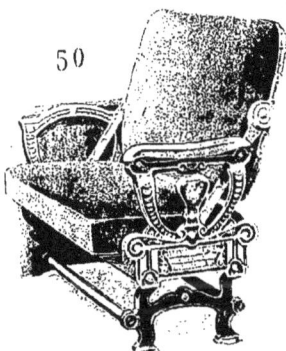

50

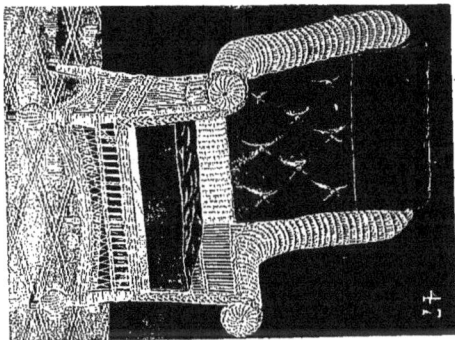

47

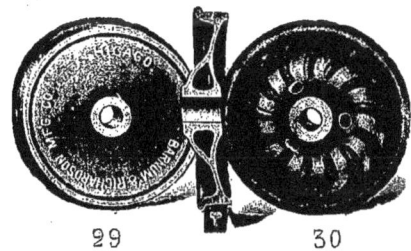

29

30

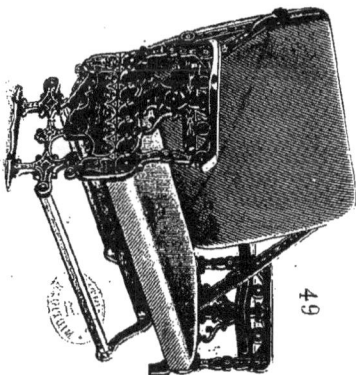

49

51

52

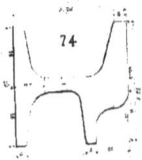

74

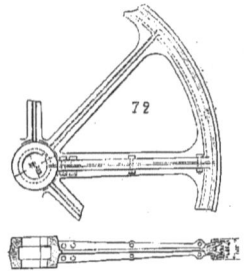

72

75

76

79

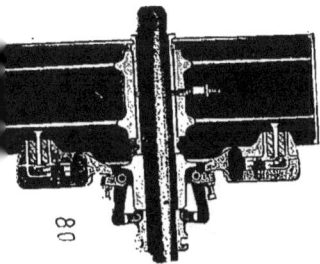

80

77

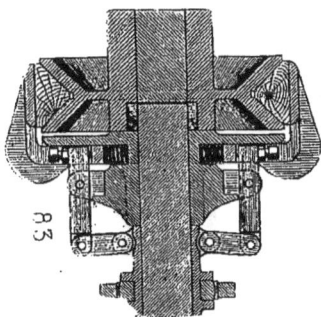

83

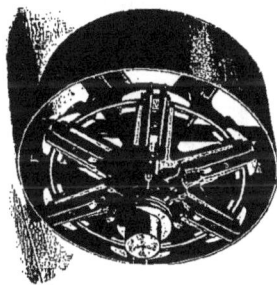

78

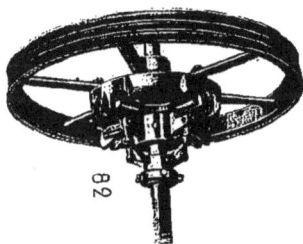

82

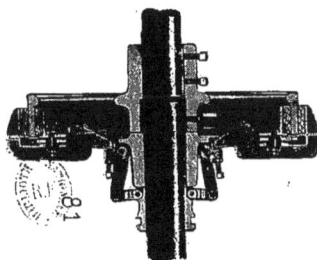

81

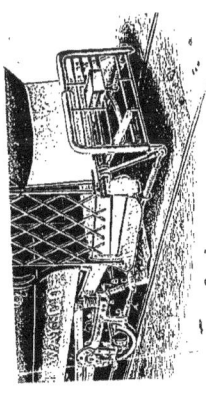

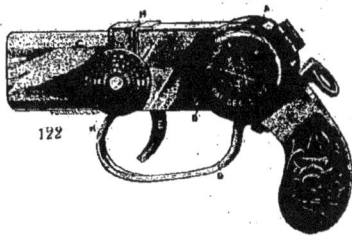

122

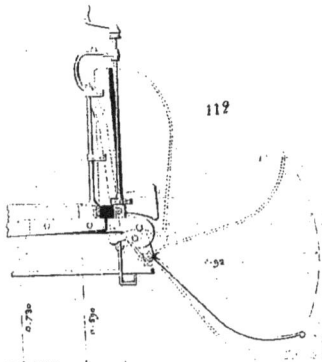

112

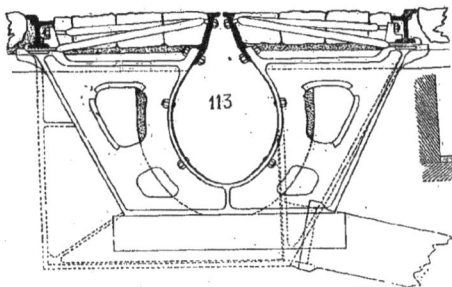

113

117

116

115

114

118

119

120

121

LIBRAIRIE SCIENTIFIQUE ET INDUSTRIELLE DES ARTS ET MANUFACTURES

E. BERNARD & Cie

53 ter, Quai des Grands-Augustins — PARIS

VIENT DE PARAITRE

TRAITÉ THÉORIQUE & PRATIQUE

DES

MOTEURS A GAZ
ET A PÉTROLE

PAR

Aimé WITZ

INGÉNIEUR DES ARTS ET MANUFACTURES — DOCTEUR ÈS-SCIENCES
PROFESSEUR A LA FACULTÉ LIBRE DES SCIENCES DE LILLE

TOME I. — MOTEURS A GAZ

Histoire des Moteurs à gaz. — Classification. — Considérations théoriques sur les machines thermiques. — Étude de la combustion des mélanges tonnants. — Théorie générique des moteurs à gaz. — Théorie expérimentale. — Détermination de la puissance des moteurs. — Monographie des principaux moteurs. — Moteurs atmosphériques. — Étude comparative des éléments de construction des moteurs, de l'état présent et de l'avenir des moteurs à gaz.

Un fort volume grand-in-8° de 436 pages, 150 figures   **Prix : 15 fr.**

TOME II. — MOTEURS A GAZ ET A PÉTROLE

Étude sur les gaz combustibles. — Gaz d'éclairage. — Gaz pauvres. — Types de gazogène. — Le pétrole. — Essais des moteurs. — Monographie des principaux moteurs à gaz. — Monographie des principaux moteurs à pétrole. — Éléments de construction des moteurs. — Applications des moteurs à gaz et à pétrole. — Locomotives. — Tramways. — Embarcations. — Tricycles. — Voitures. — Aviation, etc.

Un fort volume grand in-8° de 428 pages, 141 figures et 3 planches
Prix : 15 francs.

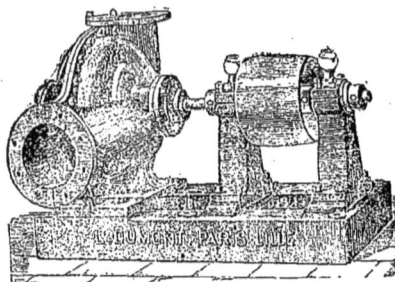

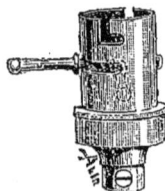

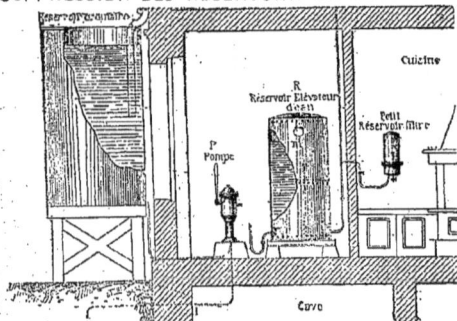

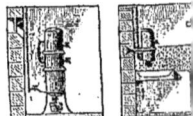

www.ingramcontent.com/pod-product-compliance
Lightning Source LLC
Chambersburg PA
CBHW070521200326
41519CB00013B/2882